商业空间设计

姜雪——著

清華大學出版社
北 京

内 容 简 介

这是一本全面介绍商业空间设计的图书，其突出特点是知识易懂、案例趣味、动手实践、发散思维。

本书从学习商业空间设计的基础理论知识入手，循序渐进地为读者呈现一个个精彩实用的案例、技巧、色彩搭配方案、CMYK数值。本书共分为8章，内容分别为商业空间设计基础知识、认识色彩、商业空间设计基础色、商业空间的设计原则、商业空间设计中的照明、商业空间设计的不同类型、商业空间中的软装饰与陈设设计、商业空间设计的经典技巧。在多个章节中安排了常用主题色、常用色彩搭配、配色速查、色彩点评、推荐色彩搭配等经典模块，在丰富本书结构的同时，也增强了其实用性。

本书内容丰富、案例精彩，商业空间设计新颖，适合环境艺术设计、空间设计、装潢设计、景观园林设计等初级读者学习使用，也可以作为大中专院校空间设计专业、环境艺术设计专业和社会培训机构的教材，还非常适合喜爱商业空间设计的读者作为参考用书。

图书在版编目(CIP)数据

商业空间设计 / 姜雪著. —北京：清华大学出版社，2022.8（2025.6重印）
ISBN 978-7-302-61330-5

Ⅰ. ①商…　Ⅱ. ①姜…　Ⅲ. ①商业建筑－室内装饰设计　Ⅳ. ①TU247

中国版本图书馆CIP数据核字(2022)第122363号

责任编辑： 韩宜波
封面设计： 杨玉兰
责任校对： 李玉茹
责任印制： 刘　菲

出版发行： 清华大学出版社
网　　址： https://www.tup.com.cn，https://www.wqxuetang.com
地　　址： 北京清华大学学研大厦 A 座　　**邮　　编：** 100084
社 总 机： 010-83470000　　**邮　　购：** 010-62786544
投稿与读者服务： 010-62776969，c-service@tup.tsinghua.edu.cn
质 量 反 馈： 010-62772015，zhiliang@tup.tsinghua.edu.cn
印 装 者： 涿州汇美亿浓印刷有限公司
经　　销： 全国新华书店
开　　本： 185mm×210mm　　**印　　张：** 9.4　　**字　　数：** 295 千字
版　　次： 2022 年 8 月第 1 版　　**印　　次：** 2025 年 6 月第 3 次印刷
定　　价： 69.80 元

产品编号：094213-01

PREFACE 前言

本书是从基础理论到高级进阶实战的商业空间设计书籍，以配色为出发点，讲述了商业空间设计中配色的应用。书中包含了商业空间设计必学的基础知识及经典技巧。本书不仅有理论、精彩案例赏析，还有大量的色彩搭配方案、精确的CMYK色彩数值，让你既可以作为赏析用书，又可以作为工作案头的素材书籍。

本书共分8章，具体安排如下。

第1章为商业空间基础知识，介绍了什么是商业空间设计、商业空间设计中的点线面、商业空间设计中的元素等。

第2章为认识色彩，包括色相、明度、纯度、主色、辅助色、点缀色、色相对比、色彩的距离、色彩的面积、色彩的冷暖。

第3章为商业空间设计基础色，包括红色、橙色、黄色、绿色、青色、蓝色、紫色及黑白灰。

第4章为商业空间的设计原则，包括新颖的视觉刺激、合理地设置行走路径、明确的功能布局分布、符合人群定位的空间设计风格、突出城市地域文化、包容开放的创新。

第5章为商业空间设计中的照明，包括照明的主次、照明的功能、商业空间中常见的灯光类型。

第6章为商业空间设计的不同类型，包括12种常见的商业空间类型的讲解。

第7章为商业空间中的软装饰与陈设设计，包括商业空间中的软装饰设计、商业空间中的商品陈设方式。

第8章为商业空间设计的经典技巧，精选了15个设计技巧。

本书特色如下。

- **轻鉴赏，重实践。**

鉴赏类书只能看，看完自己还是设计不好，本书则不同，增加了多个动手模块，可以让读者边看边学边练。

- **章节合理，易吸收。**

第1~3章主要介绍商业空间设计的基础知识、认识色彩、基础色；第4~7章主要介绍商业空间的设计原则、商业空间设计中的照明、商业空间设计的不同类型、商业空间中的软装饰与陈设设计；第8章以轻松的方式介绍商业空间设计的15个设计秘籍。

- **设计师编写，写给设计师看。**

本书针对性较强，而且了解读者的需求。

- **模块超丰富。**

常用主题色、常用色彩搭配、配色速查、色彩点评、推荐色彩搭配在本书都能找到，一书在手便可以满足读者的求知欲。

- **本书是系列图书中的一本。**

在本系列图书中，读者不仅能系统地学习商业空间设计知识，而且还有更多的设计专业知识供读者选择。

本书通过对知识点的归纳总结、趣味的模块讲解，希望能够打开读者的思路，避免一味地照搬书本内容，建议读者多做尝试、多理解、多动脑、多动手。通过阅读本书，能够激发读者的学习兴趣，开启设计的大门，帮助读者迈出第一步，圆读者一个设计师的梦！

本书由淄博职业学院的姜雪编写，其他参与本书内容整理的人员还有董辅川、王萍、李芳、孙晓军、杨宗香。

由于作者水平有限，书中难免存在不妥之处，敬请广大读者批评和指正。

编　者

CONTENTS
目 录

第1章
商业空间设计基础知识

第2章
认识色彩

第3章 商业空间设计基础色

第4章 商业空间的设计原则

第5章
商业空间设计中的照明

第6章
商业空间设计的不同类型

第7章

商业空间中的软装饰与陈设设计

第8章

商业空间设计的经典技巧

第1章

商业空间设计基础知识

商业空间是商家与消费者双方交易的空间。目前，商业空间已逐渐形成了多元化的促进城市发展与繁荣的公共空间。

商业空间是商品交换和货币流通的场所，随着社会的不断进步和发展，人们对商业空间的要求已经不限于此，通过经验的积累和对消费者内心世界的不断探索，商业空间设计正在逐渐的改良和探索之中一步步走向艺术化与精致化。

1.1 什么是商业空间设计

商业空间设计简而言之就是对商业用途的建筑空间进行装饰与设计，在设计的过程中，通过一些装饰性元素的应用，并运用一些科学的设计手法，将空间设计为舒适且新颖的时尚空间。

商业空间的设计技巧

- **以人为本：**商业空间是一种以受众群体为主要服务对象的公共空间，因此在设计的过程中，要遵循“以人为本”的设计理念，注重受众的感受，以满足其心理和精神上的双重需求为目标，打造和谐、全面的空间。
- **注重原生态：**随着科技的不断发展与进步，人们越来越追求原生态的生活环境。在商业空间设计的过程中，绿色建材、自然能源的合理利用，能够为人们营造出天然、环保、自然的空间环境。
- **元素多元化：**装饰不是一成不变的，在商业空间设计的过程中，多元化设计元素的应用能够丰富空间的视觉效果，营造出多元化、多层次、多风格的空间氛围，使空间的整体效果更加时尚前卫。
- **提倡高科技：**随着社会的发展，高科技的装饰材料已经越来越广泛地应用于商业空间的装饰上，无毒、无污染、耐磨、防滑等特性使其在众多装饰材料中脱颖而出，高科技装饰材料以其成本低、污染少等优势深受人们的喜爱。

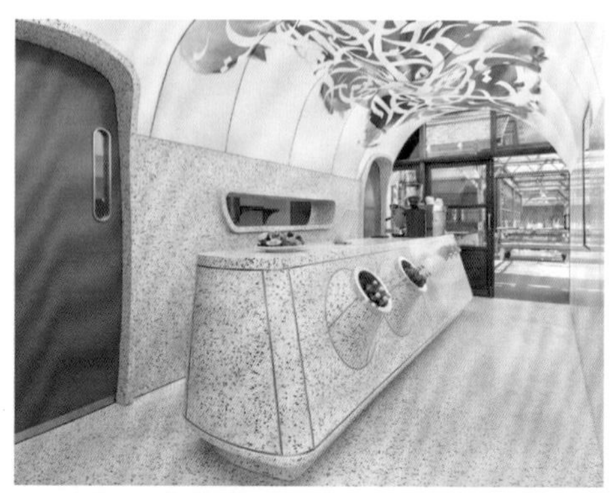

1.2 商业空间设计中的点线面

一提起“点”“线”“面”，人们总会想起“点动成线，线动成面”，由此可见，点、线、面三个元素都是相对而言的。在商业空间设计的过程中，设计师们通常会按照形式美法则，将点、线、面这三个基本元素合理应用，营造出具有艺术感和时尚感的商业空间氛围。

■ **商业空间中的点:**“点”是所有图形当中最小的单位，是一切元素构成的基础，在商业空间设计中，可以通过聚合的点元素形成空间的视觉中心，也可以通过扩散的点元素对空间进行丰富的装饰。

■ **商业空间中的线:**“线”是由点元素的移动所形成的轨迹，商业空间中的“线”元素分为直线、虚线、曲线等类型，不同类型的元素能够营造出不同的空间氛围。例如，直线具有安定、有序、简单、直率的视觉效果，曲线则可为空间营造出浪漫、柔和、温暖的氛围，虚线在空间中不仅具有导向性，还能够使空间充满韵律感和动感。

- **商业空间中的面:**“面”是由线的移动所形成的，只有长度和宽度，没有厚度。商业空间设计中的“面”元素可以单独存在，也可以以组的形式存在，继而形成“体”。因此，商业空间设计中的“面”元素能够为空间塑造出强烈的空间感和层次感。

1.3 商业空间设计中的元素

随着人类生活质量的提高和时代的进步，商业空间设计变得越来越丰富且多元化，在这个过程中人们逐渐发现，商业空间少不了色彩、陈列、材料、灯光、装饰元素和气味等元素的设计。

- **色彩：**颜色是最直接且最容易带给受众心灵和视觉感知的设计要素。在商业空间设计中，没有最好的色彩，只有更好的搭配，好的色彩搭配能够使空间的装饰效果得以升华。

- **陈列：**在商业空间设计中，除了展品本身的属性以外，产品的美感在很大程度上都会体现陈列

的方式、背景颜色、展示载体的质地，以及与其他元素的组合搭配。因此，好的展品陈列方式更加有助于凸显展品自身的魅力。

- **材料：** 在商业空间设计中，可选用的材料有很多种，例如石材、木材、金属、陶瓷、布料、墙纸、墙布等，材料的选择是商业空间设计的重要环节之一，不同的材料能够为空间带来不同的质感。

■ **灯光：**灯光是商业空间设计中必不可少的元素之一，其除了具有照明作用以外，还起到了装饰和引导的作用。灯光的类型多种多样，展示的方式也丰富多彩，在空间中合理地添加灯光可以有意识地营造氛围和意境，增强空间的艺术性。

- **装饰元素：**商业空间中的装饰元素包括饰物、摆件、挂画、布艺等，通过这些装饰元素能够丰富空间效果，加深氛围的渲染。

- **气味：**电影院爆米花的香甜味、咖啡厅浓郁的醇香味、餐厅中美味的饭香味，都能够引来消费者的停留与驻足。因此，商业空间的气味设计也是一种营销手段，通过特定的气味引导顾客消费，或是通过清新的气味为空间营造清新、舒适的氛围，从而达到吸引顾客，引导消费的目的。

第2章

认识色彩

色彩是由光引起的，由三原色构成。太阳光可以被分解为红、橙、黄、绿、青、蓝、紫等色彩。它是视觉传达的重要环节，具有感染观者情绪、深化店铺形象、增强商业空间记忆点等作用。每种色彩都有各自的特点与性格，并被赋予不同的意象与情感，合理地搭配色彩可以使特定群体产生不同的联想与情感倾向。例如与餐厅、咖啡店相关的空间设计会选用高饱和度的暖色调配色方案，以凸显食物的美味，并刺激消费者的食欲；服装店则会选用浪漫、优雅的配色方案。所以说，色彩是赋予图案设计灵魂的画龙点睛之笔。

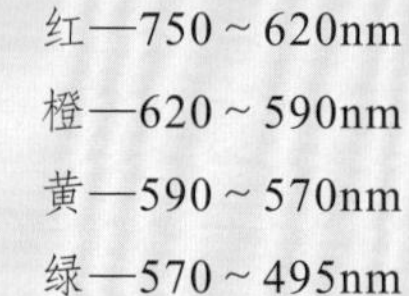

红—750 ~ 620nm

橙—620 ~ 590nm

黄—590 ~ 570nm

绿—570 ~ 495nm

青—495 ~ 475nm

蓝—475 ~ 450nm

紫—450 ~ 380nm

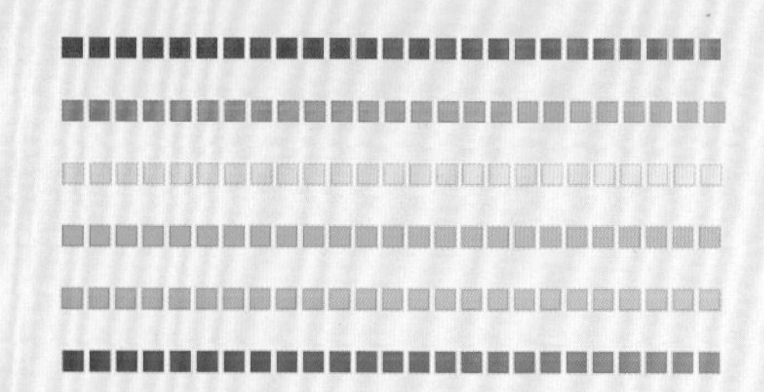

2.1 色相、明度、纯度

色彩的三要素是指色相、明度、纯度，任何色彩都具有这三大属性。通过改变色相、明度以及纯度，可以影响色彩的距离、面积、冷暖属性等。

色相是色彩的首要特征，由原色、间色和复色构成，是色彩的基本相貌。从光学意义上讲，色相的差别是由光波的长短所构成的。

- 任何黑白灰以外的颜色都有色相。
- 色彩的成分越多，它的色相越不鲜明。
- 日光通过三棱镜可分解出红、橙、黄、绿、青、蓝、紫7种色相。

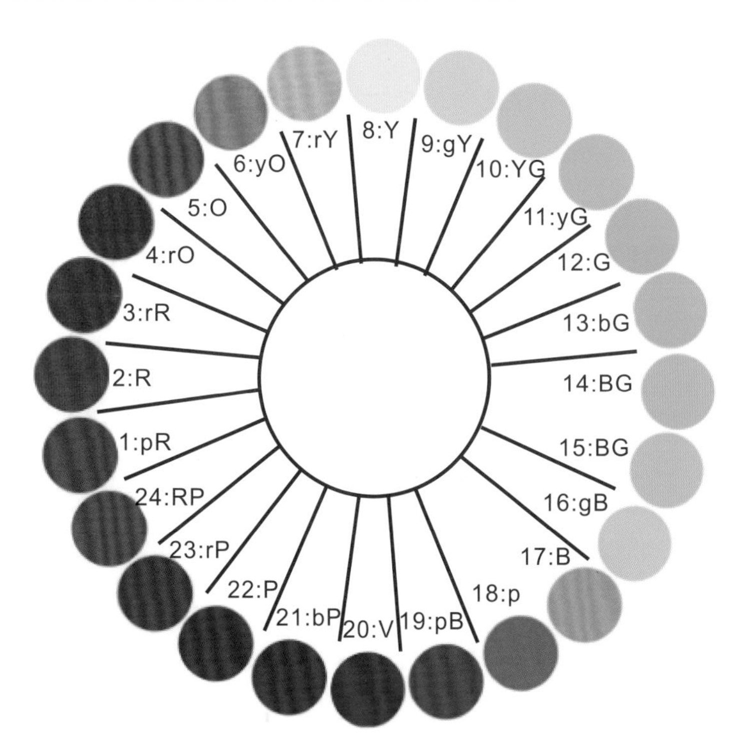

明度是指色彩的明亮程度，是彩色和非彩色的共有属性，通常用0~100%来度量。

- 蓝色里不断加入黑色，明度就会越来越低，而低明度的暗色调，会给人一种深沉、严肃、冷静的感觉。
- 蓝色里不断加入白色，明度就会越来越高，而高明度的亮色调，会给人一种清爽、纯净、明快的感觉。

■ 在加色的过程中，中间的颜色明度是比较适中的，而这种中明度色调会给人一种内敛、安静、平和的感觉。

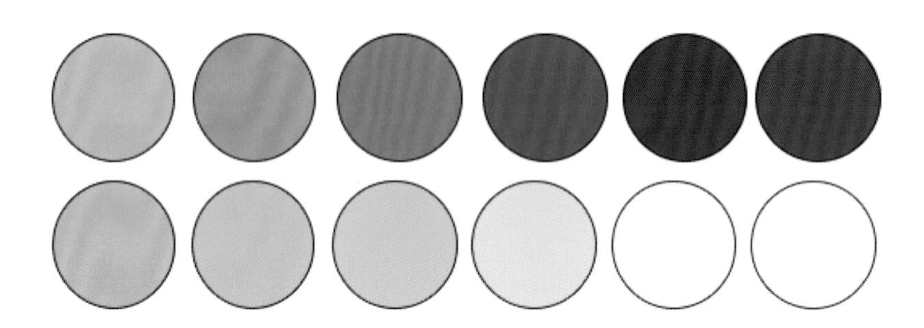

纯度是指色彩中所含有色成分的比例，比例越大，纯度越高，又被称为色彩的彩度。

■ 高纯度的颜色会使人产生一种兴奋、鲜活、激越的感觉。
■ 中纯度的颜色会使人产生一种淡然、平衡、朴素的感觉。
■ 低纯度的颜色则会使人产生一种细腻、温润、朦胧的感觉。

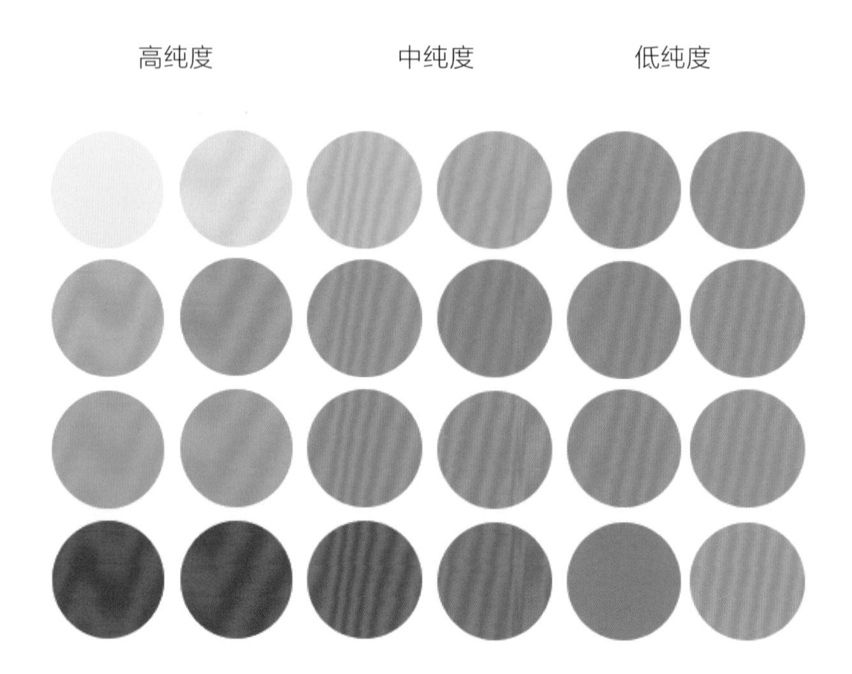

2.2 主色、辅助色、点缀色

主色、辅助色、点缀色是商业空间设计中不可或缺的色彩构成元素，主色决定了空间色彩的总体倾向，而辅助色和点缀色则具有辅助作用。

2.2.1 主色

主色好比人的面貌，是区分人与人的重要因素。它是空间色彩的主体，占据空间的大部分面积，对整个空间的色彩倾向具有决定性的作用。

淡粉色作为空间主色，色彩柔和、甜美，更加凸显服装店浪漫、优雅的风格，易获得女性顾客的青睐。

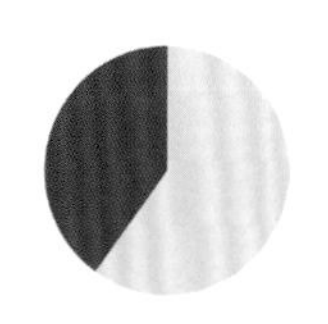

CMYK：4,21,0,0
CMYK：83,74,60,28

推荐配色方案

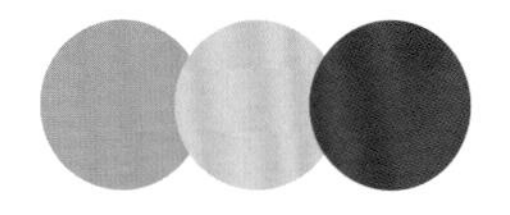

CMYK：2,51,29,0　CMYK：10,29,12,0
CMYK：66,88,0,0

CMYK：3,67,22,0
CMYK：39,100,100,4

桃粉色作为空间主色，渲染出甜蜜、清新的气息，营造出明快与甜美的环境氛围。

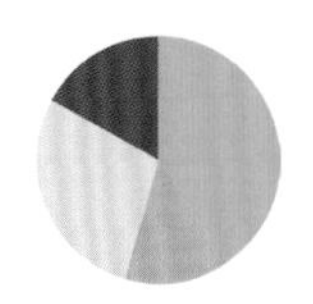

CMYK：0,49,32,0
CMYK：4,47,87,0
CMYK：12,18,17,0
CMYK：58,76,88,32

推荐配色方案

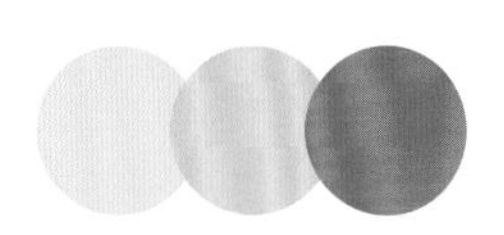

CMYK：14,1,72,0　CMYK：6,23,24,0
CMYK：2,73,56,0

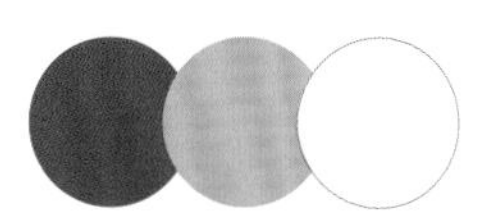

CMYK：13,96,57,0　CMYK：4,39,82,0
CMYK：0,0,0,0

2.2.2 辅助色

辅助色在空间中所占的面积仅次于主色，起到突出主色、帮助主色完成整体空间设计、丰富主色表现力的作用，用来烘托、辅助、平衡空间主色调。

浅驼色作为主色，天蓝色作为辅助色，两种浅色彩的搭配，给人留下了清新、温馨的视觉印象。两种颜色垂直分布，使空间的视觉感更强。

CMYK：16,34,46,0
CMYK：58,13,14,0
CMYK：22,16,14,0

推荐配色方案

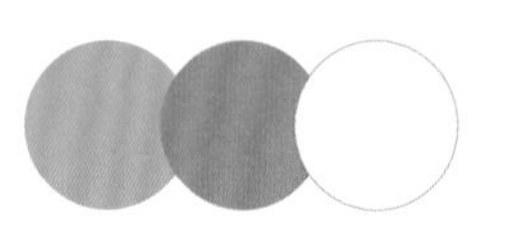

CMYK：71,10,8,0　CMYK：4,57,51,0
CMYK：1,1,1,0

CMYK：9,14,55,0
CMYK：100,93,8,0

竹青色与白色的搭配使整个空间充满自然与生命的气息，使色彩充满呼吸感，给人清新、轻快的感觉。

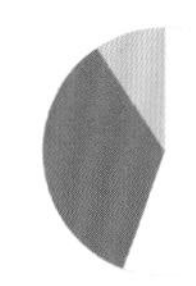

CMYK：0,0,1,0
CMYK：62,46,69,2
CMYK：34,6,51,0

推荐配色方案

CMYK：26,6,27,0　CMYK：59,41,63,0
CMYK：45,84,100,12

CMYK：79,68,89,50
CMYK：34,0,85,0

2.2.3 点缀色

点缀色通常应用于空间的细节处，占据面积较小，主要起到衬托主色调和承接辅助色的作用。点缀色可以更好地诠释空间的色彩组合，丰富空间视觉效果；还可以调整空间整体的氛围，让空间更富有神采。

鲜黄色作为点缀色，为朴实、内敛的色彩增添了几分活泼、明朗的气息，使空间局部更加吸睛。

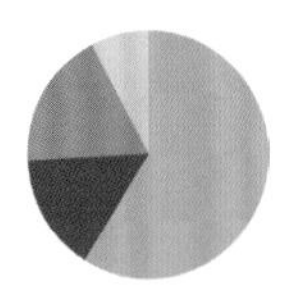

CMYK：30,37,46,0
CMYK：25,100,57,0
CMYK：64,39,100,1
CMYK：6,22,89,0

推荐配色方案

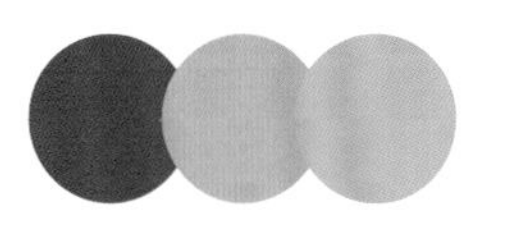

CMYK：24,97,67,0　CMYK：20,34,48,0
CMYK：43,14,96,0

CMYK：8,0,62,0
CMYK：47,100,100,20

橙色作为点缀色，赋予绿色空间明亮与热情的气息，活跃了空间气氛，给人以明快、和谐的感觉。

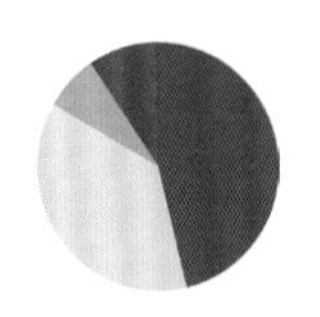

CMYK：79,59,100,34
CMYK：14,15,24,0
CMYK：3,52,71,0
CMYK：27,92,100,0

推荐配色方案

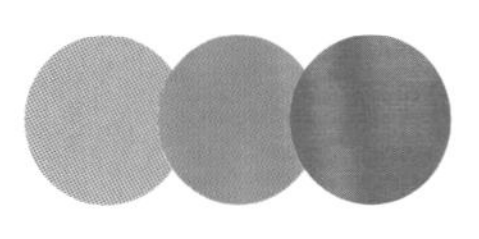

CMYK：0,0,0,39　CMYK：50,34,69,0
CMYK：0,73,78,0

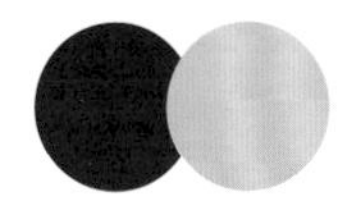

CMYK：0,0,0,100
CMYK：2,29,41,0

2.3 色相对比

色相对比是利用不同色相之间的差别，在两种以上色彩的组合中形成的色彩对比效果。色彩对比的强度取决于色相在色相环上所间隔的角度，角度越小，对比便越弱，反之则对比越强。值得注意的是，色相的对比类型是由色彩在色相环上间隔的角度所定义的，其定义较为模糊，例如15° 为同类色对比，30° 为邻近色对比，那么20° 就很难定义，但20° 的色相对比与30° 或15° 的色相对比区别都不算很大，色彩情感十分相似。因此，关于色相对比的定义不能一概而论。

2.3.1 同类色对比

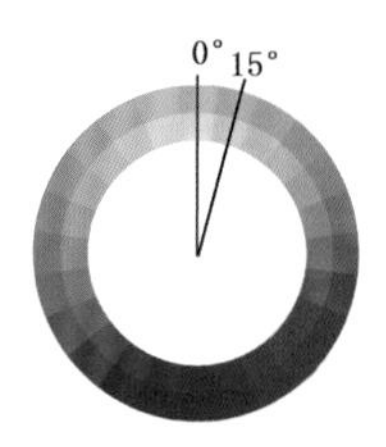

- 同类色对比是指在24色色相环上相隔15° 左右的两种色彩。
- 同类色是由同一色相的色彩向不同明度、纯度或冷暖程度靠近形成的色彩对比效果，对比较弱。
- 同类色对比给人的感觉是单纯、平静的，无论总体色相倾向是否鲜明，整体的色彩基调都较为统一。

黄色与浅驼色形成同类色对比，使该甜品店空间色彩呈温暖的黄色调，给人阳光、美味的感觉。

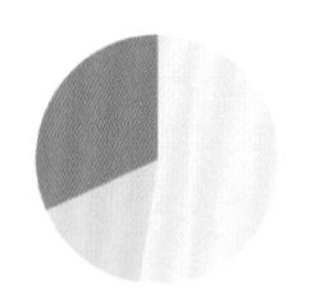

CMYK：6,8,10,0
CMYK：8,4,86,0
CMYK：39,49,69,0

该眼镜店以蓝色为主色调，冰蓝色与皇室蓝形成同类色搭配，营造出安静、清凉的店铺氛围。

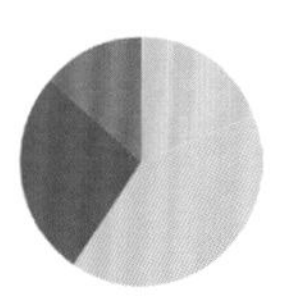

CMYK：12,23,30,0
CMYK：42,9,8,0
CMYK：84,62,16,0
CMYK：12,70,63,0

2.3.2 邻近色对比

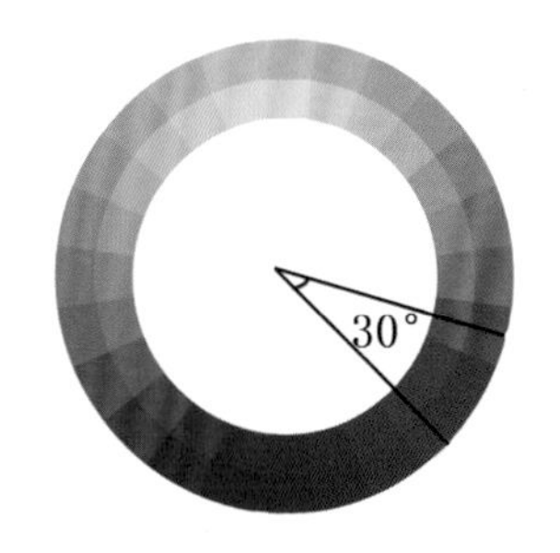

- 邻近色是指色相环上相隔30° 左右的两种颜色。这两种颜色色相搭配相较同类色而言更为丰富，让整体空间的视觉效果更为和谐、单纯、雅致。
- 如红、橙、黄以及蓝、绿、紫等组合都属于邻近色搭配。

橙色与黄色作为点缀色，为空间增添了亮色，使低明度色彩空间更加明亮，给人留下了兴奋、温馨的印象。

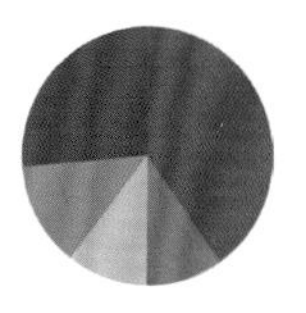

CMYK：50,74,93,16
CMYK：8,74,79,0
CMYK：4,33,90,0
CMYK：81,38,21,0
CMYK：73,74,58,20

淡粉色与蜜桃粉形成邻近色搭配，再搭配清新的水蓝色，整个空间给人活泼、明丽、淡雅的感觉。

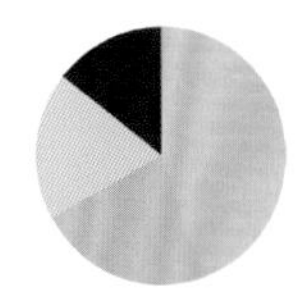

CMYK：0,35,13,0
CMYK：0,40,34,0
CMYK：51,0,15,0
CMYK：84,87,78,69

2.3.3 类似色对比

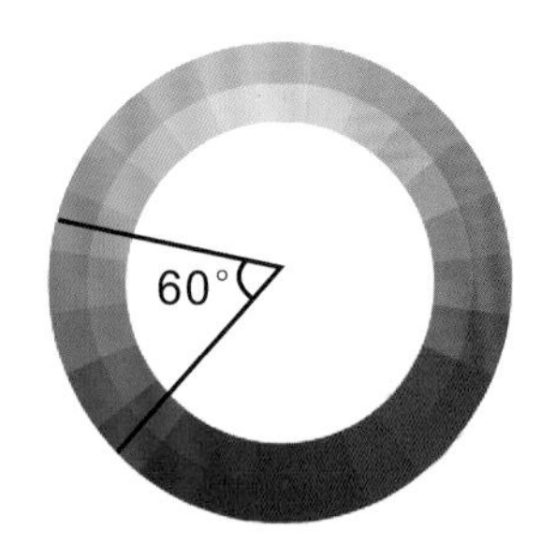

- 在24色色相环上相隔60°左右的两种色彩对比为类似色对比。
- 例如红色和橙色、黄色和绿色等均为类似色搭配。
- 类似色的色相对比不强烈，给人一种舒适、温馨而不单一、乏味的感觉。

该餐厅整体呈暖色调，红橙色与深红色形成类似色对比，黑色则降低了暖色的刺激性，使整个空间充满火热、明媚、温暖的气息。

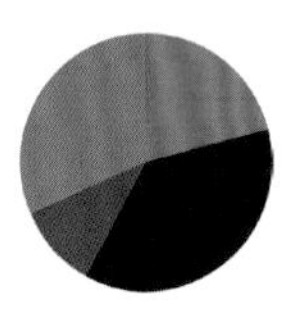

CMYK：0,80,93,0
CMYK：91,87,87,78
CMYK：18,98,84,0
CMYK：45,61,80,3

竹青色与青蓝色、阳橙色与柠檬黄形成类似色搭配，该空间色彩较为明亮、饱满，给人鲜活、蓬勃、欢快的感觉。

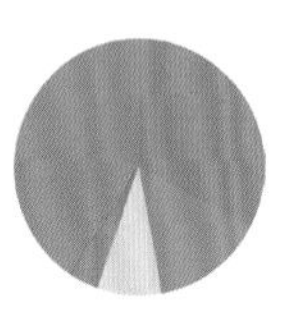

CMYK：68,33,62,0
CMYK：76,29,26,0
CMYK：11,10,61,0
CMYK：3,63,56,0
CMYK：54,42,44,0

2.3.4 对比色对比

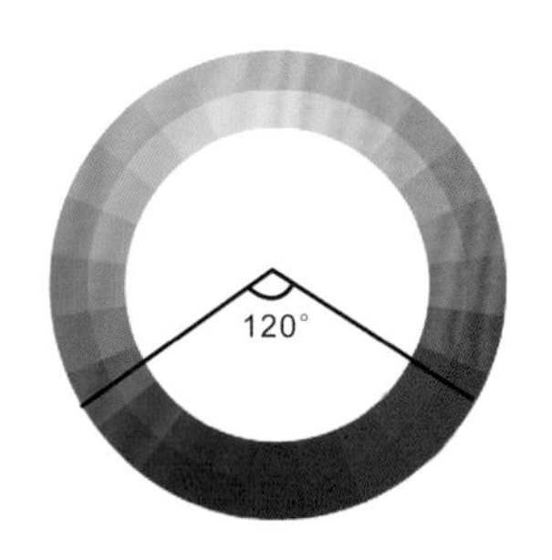

- 当两种或两种以上色相之间的色彩处于色相环上相隔120° 左右，小于150° 的范围时，便呈现出对比色对比效果。
- 如橙色与紫色、红色与蓝色等色相。对比色可给人一种强烈、明快、鲜明、活跃的感觉，令人心情兴奋、激动，但相对容易使人产生视觉疲劳。

蜜桃色与水墨蓝形成冷暖与明暗的鲜明对比，丰富了空间色彩层次，营造出甜蜜、浪漫、梦幻的商业环境氛围。

CMYK：0,55,45,0
CMYK：85,78,44,6
CMYK：4,6,2,0
CMYK：77,56,69,14

青色与暗金色形成对比色对比，以热带风格为主题，给人一种自由、温暖、均衡的感觉，带给消费者惬意、自然的消费体验。

CMYK：59,34,50,0
CMYK：83,36,58,0
CMYK：18,50,95,0

2.3.5 互补色对比

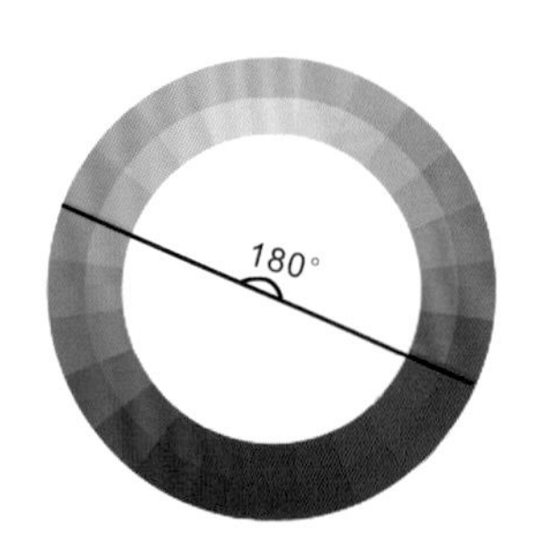

- 互补色对比是在色相环上相隔180°左右的两种色彩对比，它可以产生最为强烈的刺激作用，对人的视觉而言最具吸引力。
- 互补色对比的效果最强烈、刺激，是色相间最强的对比。如红色与绿色、黄色与紫色、蓝色与橙色等。

该酒店空间色彩以深红色与湖青色为主，两者对比强烈，形成鲜明的碰撞感，给人一种绚丽、耀目的视觉感受。

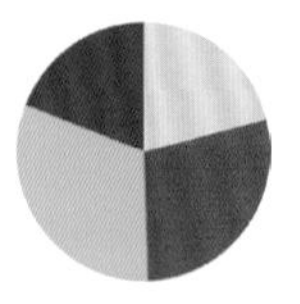

CMYK：3,23,37,0
CMYK：9,96,84,0
CMYK：64,0,20,0
CMYK：37,95,100,3

该橱窗摆件以天蓝色、浅橙色、红色等为主，形成强烈的互补色对比，展现出大胆、自由、明快的商铺风格，以吸引消费者的目光。

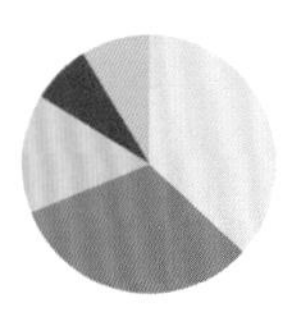

CMYK：15,12,13,0
CMYK：75,40,40,0
CMYK：0,32,28,0
CMYK：9,98,99,0
CMYK：63,2,14,0

2.4 色彩的距离

色彩的距离可以使人在视觉上产生进退、凹凸、远近的不同感受。色相、明度会影响色彩的距离感，一般暖色调和高明度的色彩具有前进、凸出、接近的效果，而冷色调和低明度的色彩则具有后退、凹进、远离的效果。在商业空间设计中常利用色彩的这些特点来改变空间的大小和高低。

该餐厅中浓蓝紫色的墙面与白色吊灯形成鲜明的明度对比，使空间的面积更显宽广、深邃，增强了餐厅的广阔感与空间感。

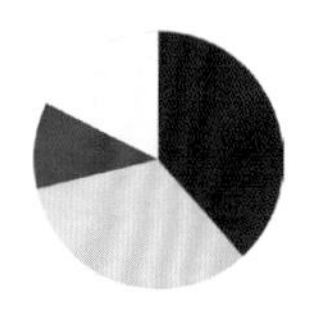

CMYK：88,92,60,42
CMYK：5,22,37,0
CMYK：94,86,39,4
CMYK：4,3,0,0

2.5 色彩的面积

色彩的面积是由于色彩在同一空间布局中所占面积不同而产生的色相、明度、纯度等视觉效果。色彩面积的大小会影响空间中的色彩倾向以及观者的情感反应。将强弱不同的色彩放置在同一空间中，若想调整空间的色彩平衡，可以通过改变色彩的面积来达到目的。

该酒吧空间中的深蓝色占据面积较大，黄色的点缀赋予空间鲜活感，使整体色彩更加醒目、鲜明，活跃了空间气氛。

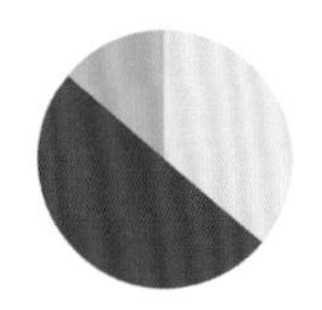

CMYK：13,11,14,0
CMYK：86,74,51,14
CMYK：24,28,86,0

2.6 色彩的冷暖

色彩的冷暖是色彩在人的视觉与心理上产生的冷热感觉，是相对存在的两个方面。暖色光可使物体受光部分色彩变暖，冷色光则刚好与其相反，使背光部分相对呈现冷感倾向。例如红、橙、黄等色彩往往令人联想到丰收的果实和烈日炎炎的夏季，因此有温暖、热烈、兴奋的感觉，称其为暖色；蓝色、青色则常使人联想到湛蓝的天空和广阔的大海，有冷静、开阔、幽远之感，因此称其为冷色。

湖青色墙面与浅棕色地板形成冷暖对比，整个餐厅空间色彩冷暖结合，层次分明，呈现出幽静、梦幻的视觉效果。

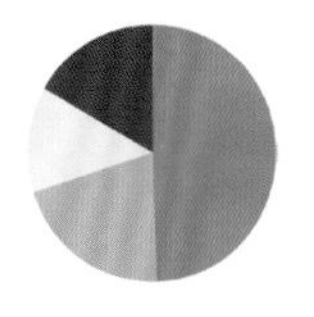

CMYK：76,41,42,0
CMYK：25,35,44,0
CMYK：8,8,8,0
CMYK：80,73,69,41

3

第3章

商业空间设计基础色

商业空间设计的基础色可分为红、橙、黄、绿、青、蓝、紫、黑、白、灰。各种色彩都有属于自己的特性，色彩的象征性带给人的感受截然不同，红色带来热烈，蓝色感觉忧伤，黄色充满活力，黑色则神秘莫测。合理应用和搭配色彩，可以更好地发挥色彩在商业空间设计中的表达作用，令商业空间色彩与观者产生内心的互动与交流。

3.1 红色

3.1.1 认识红色

红色：红色属于暖色调，是最能触动人的视觉的色彩，可以使人的情绪更加激动，心跳加剧；红色常让人联想到火焰、太阳、血液、节日，因此象征着生命、勇气、力量、热情、朝气、成功、喜庆。红色与任何颜色搭配，都可以快速被人感知。

洋红色
RGB=207,0,112
CMYK=24,98,29,0

胭脂红色
RGB=215,0,64
CMYK=19,100,69,0

玫瑰红色
RGB= 230,27,100
CMYK=11,94,40,0

宝石红色
RGB=200,8,82
CMYK=28,100,54,0

朱红色
RGB=233,71,41
CMYK=9,85,86,0

绛红色
RGB=229,1,18
CMYK=11,99,100,0

山茶红色
RGB=220,91,111
CMYK=17,77,43,0

浅玫瑰红色
RGB=238,134,154
CMYK=8,60,24,0

火鹤红色
RGB=245,178,178
CMYK=4,41,22,0

鲑红色
RGB=242,155,135
CMYK=5,51,42,0

壳黄红色
RGB=248,198,181
CMYK=3,31,26,0

浅粉红色
RGB=252,229,223
CMYK=1,15,11,0

勃艮第酒红色
RGB=102,25,45
CMYK=56,98,75,37

绯红色
RGB=162,0,39
CMYK=42,100,93,9

灰玫红色
RGB=194,115,127
CMYK=30,65,39,0

优品紫红色
RGB=225,152,192
CMYK=15,51,5,0

3.1.2 红色搭配

色彩调性：火热、热情、明媚、娇艳、华丽、摩登。

常用主题色：

CMYK：16,100,100,0

CMYK：21,90,83,0

CMYK：25,96,47,0

CMYK：22,76,43,0

CMYK：15,54,32,0

CMYK：53,97,78,31

常用色彩搭配

CMYK：25,98,29,0
CMYK：5,0,19,0

洋红色与乳白色搭配，可以营造甜美、浪漫的时尚空间。

CMYK：3,31,26,0
CMYK：2,71,94,0

壳黄红搭配橙色，可以营造富有层次感与阳光、轻快的空间氛围。

CMYK：11,99,100,0
CMYK：73,23,0,0

低明度的酒红色与黑色组合，可以营造神秘、深沉的空间氛围。

CMYK：50,100,94,27
CMYK：90,86,86,77

绛红色与天蓝色对比鲜明，使空间色彩更具视觉冲击力。

配色速查

强烈

CMYK：2,98,82,0
CMYK：100,100,59,26
CMYK：14,0,37,0

古典

CMYK：38,93,93,4
CMYK：7,17,15,0
CMYK：87,50,37,0

摩登

CMYK：2,96,43,0
CMYK：81,66,55,13
CMYK：0,7,2,0

醒目

CMYK：89,79,71,54
CMYK：5,82,76,0
CMYK：29,2,9,0

该红色展示区在灯光照耀下更加明媚、醒目，使整个商业区域充满火热、热情的气息。

色彩点评

- 红色作为空间主色调，营造火热、刺激的气氛，增添兴奋、鲜活的调性。
- 驼色地面以及墙面等色彩朴实、自然，减轻了大面积红色带来的视觉刺激。

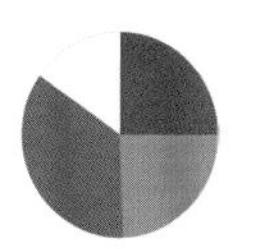

CMYK：5,94,74,0
CMYK：2,65,60,0
CMYK：52,60,82,7
CMYK：0,0,0,0

推荐色彩搭配

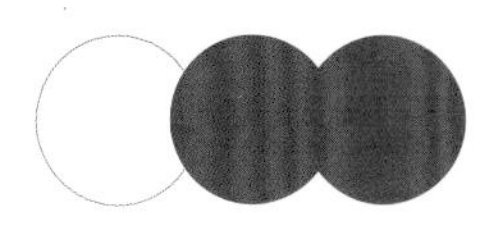

C：0	C：8	C：1
M：0	M：93	M：91
Y：0	Y：46	Y：99
K：0	K：0	K：0

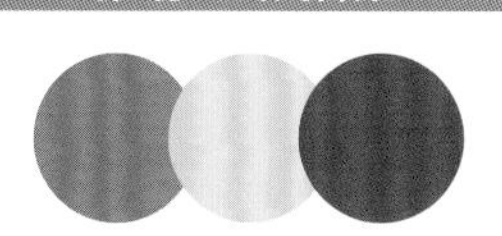

C：6	C：4	C：4
M：65	M：16	M：94
Y：94	Y：17	Y：74
K：0	K：0	K：0

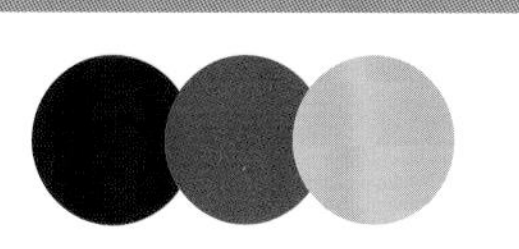

C：82	C：6	C：2
M：82	M：97	M：35
Y：90	Y：78	Y：14
K：71	K：0	K：0

该橱窗中华贵的珠宝以及烤箱的造型令空间设计独具记忆点与设计感，增添了个性与时尚感，极易吸引消费者目光。

色彩点评

- 绯红色的橱窗空间给人华丽、炫目的感觉，极具视觉吸引力。
- 孔雀石绿与红色对比强烈，丰富了橱窗的视觉效果。

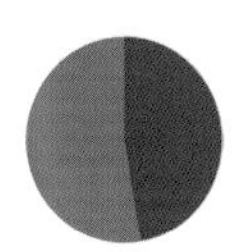

CMYK：21,100,100,0
CMYK：81,39,53,0

推荐色彩搭配

C：91	C：0	C：5
M：68	M：97	M：5
Y：80	Y：84	Y：34
K：49	K：0	K：0

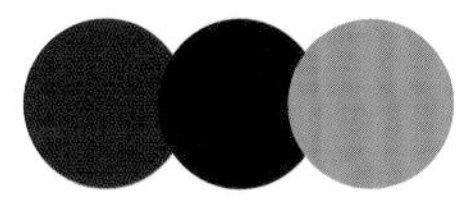

C：49	C：87	C：25
M：100	M：88	M：41
Y：100	Y：86	Y：97
K：26	K：77	K：0

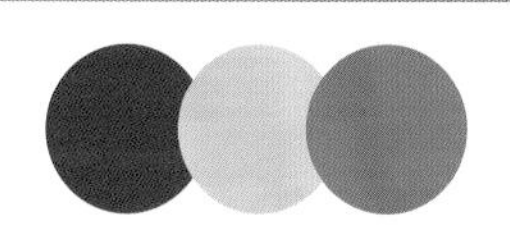

C：25	C：21	C：69
M：41	M：16	M：40
Y：97	Y：15	Y：45
K：0	K：0	K：0

3.2 橙色

3.2.1 认识橙色

橙色：橙色将热情、明媚的红色与开朗、明亮的黄色融合，一经接触，人便会在脑海中浮现出丰收的季节、耀眼的日光以及成熟的水果。橙色象征着欢快、温暖、幸福、繁荣、骄傲、活泼，还可以刺激人的味蕾，为食物增色，常用于表现与食品相关的题材，多用于餐厅、甜品店等商业空间设计。但橙色也会使人产生烦躁、不安、傲慢、乏味、固执等负面感觉。

橙色
RGB=235,85,32
CMYK=8,80,90,0

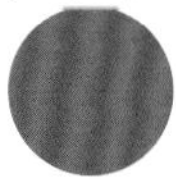

柿子橙色
RGB=237,108,61
CMYK=7,71,75,0

橘红色
RGB=235,97,3
CMYK=9,75,98,0

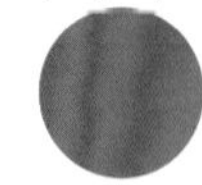

橘色
RGB=238,114,0
CMYK=7,68,97,0

太阳橙色
RGB=242,141,0
CMYK=6,56,94,0

热带橙色
RGB=242,142,56
CMYK=6,56,80,0

橙黄色
RGB=255,165,1
CMYK=0,46,91,0

杏黄色
RGB=229,169,107
CMYK=14,41,60,0

米色（浅茶色）
RGB=228,204,169
CMYK=14,23,36,0

蜂蜜色
RGB=250,194,112
CMYK=4,31,60,0

沙棕色
RGB=244,164,96
CMYK=5,46,64,0

琥珀色
RGB=202,105,36
CMYK=26,70,94,0

驼色
RGB=181,133,84
CMYK=37,53,71,0

咖啡色
RGB=106,75,32
CMYK=59,69,100,28

棕色
RGB=113,58,19
CMYK=54,80,100,31

巧克力色
RGB=85,37,0
CMYK=59,84,100,48

3.2.2 橙色搭配

色彩调性：绚烂、富丽、美味、鲜活、简朴、庄重。

常用主题色：

CMYK：14,80,91,0

CMYK：13,70,99,0

CMYK：14,45,81,0

CMYK：16,60,95,0

CMYK：18,26,39,0

CMYK：36,70,96,1

常用色彩搭配

CMYK：7,71,75,0
CMYK：4,41,22,0

柿子橙与火鹤红搭配，给人阳光、热情的感觉。

CMYK：6,56,94,0
CMYK：33,0,93,0

太阳橙与黄绿色会让人联想到水果与丰收，更显美味。

CMYK：59,84,100,48
CMYK：64,38,0,0

巧克力色与矢车菊蓝明暗对比鲜明，可以丰富空间视觉效果。

CMYK：4,31,60,0
CMYK：66,80,0,0

蜂蜜色与紫色搭配，可以获得温柔、优雅、浪漫的视觉效果。

配色速查

梦境

CMYK：11,71,75,0
CMYK：98,100,63,44
CMYK：15,24,22,0

温和

CMYK：53,71,96,20
CMYK：4,0,28,0
CMYK：10,60,93,0

悠闲

CMYK：18,62,83,0
CMYK：9,15,71,0
CMYK：96,74,39,3

欢快

CMYK：19,0,65,0
CMYK：2,60,57,0
CMYK：32,24,0,0

该服装店铺以浅珊瑚色为主色，整体布局明亮、有序，营造出阳光、清新、轻快的商业空间氛围。

色彩点评

- 珊瑚色作为空间主色调，使整体空间呈暖色调，给人留下温馨、和煦的印象。
- 杏红色的少量运用，形成色彩的层次感，使画面充满活泼、欢快的气氛。

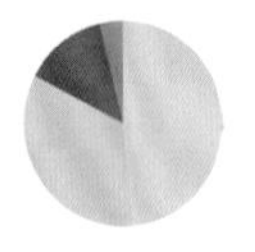

CMYK：18,18,14,0
CMYK：9,26,24,0
CMYK：11,85,100,0
CMYK：13,60,0,0

推荐色彩搭配

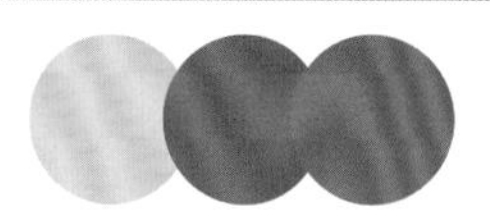

C：0	C：3	C：7
M：24	M：83	M：73
Y：17	Y：58	Y：96
K：0	K：0	K：0

C：10	C：16	C：4
M：59	M：15	M：80
Y：0	Y：12	Y：89
K：0	K：0	K：0

C：1	C：71	C：5
M：92	M：22	M：20
Y：93	Y：10	Y：27
K：0	K：0	K：0

该甜品屋的设计重心位于天花板上，旋涡状的布局吸引了消费者的目光，打造出富含韵律感与节奏感的商业空间。

色彩点评

- 橙色与黄色形成邻近色搭配，使整个空间呈暖色调，给人美味、阳光的感觉。
- 蓝色与橙、黄两色形成冷暖色对比，使色彩更具神采与冲击力。

CMYK：0,73,74,0
CMYK：7,14,72,0
CMYK：73,31,0,0
CMYK：0,0,0,0
CMYK：72,6,86,0

推荐色彩搭配

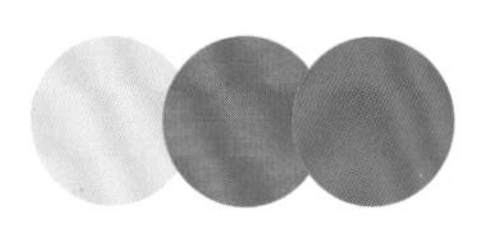

C：12	C：0	C：78
M：15	M：70	M：30
Y：2	Y：73	Y：100
K：0	K：0	K：0

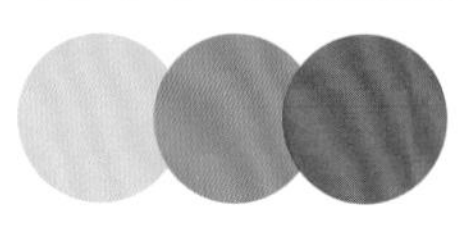

C：16	C：77	C：0
M：3	M：16	M：78
Y：88	Y：61	Y：78
K：0	K：0	K：0

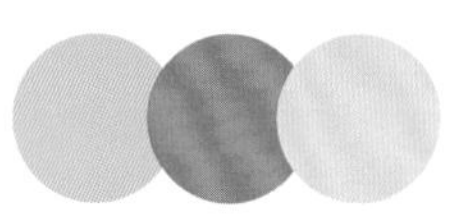

C：48	C：0	C：11
M：0	M：59	M：4
Y：16	Y：67	Y：73
K：0	K：0	K：0

3.3 黄色

3.3.1 认识黄色

黄色：黄色是众多色彩中最为明亮、温暖、活跃的色彩，具有光芒、自然的意象，常给人留下温暖、欢快、光明、辉煌、丰收、充满希望等印象。除此之外，黄色还具有懦弱、欺骗、轻率、任性、高傲、敏感等消极的意味。

黄色
RGB=255,255,0
CMYK=10,0,83,0

铬黄色
RGB=253,208,0
CMYK=6,23,89,0

金色
RGB=255,215,0
CMYK=5,19,88,0

柠檬黄色
RGB=241,255,78
CMYK=16,0,73,0

含羞草黄色
RGB=237,212,67
CMYK=14,18,79,0

月光黄色
RGB=255,244,99
CMYK=7,2,68,0

鲜黄
RGB=255,234,0
CMYK=7,7,87,0

香槟黄色
RGB=255,249,177
CMYK=4,2,40,0

金盏花黄色
RGB=247,171,0
CMYK=5,42,92,0

姜黄色
RGB=255,200,110
CMYK=2,29,61,0

象牙黄色
RGB=235,229,209
CMYK=10,10,20,0

奶黄色
RGB=255,234,180
CMYK=2,11,35,0

土黄色
RGB=205,141,35
CMYK=26,51,92,0

卡其黄色
RGB=176,136,39
CMYK=39,50,96,0

芥末黄色
RGB=214,197,96
CMYK=23,22,70,0

黄褐色
RGB=196,143,0
CMYK=31,48,100,0

3.3.2 黄色搭配

色彩调性：尊贵、欢快、温暖、明朗、活泼、古典。

常用主题色：

CMYK：10,26,91,0

CMYK：7,9,87,0

CMYK：10,45,94,0

CMYK：9,6,44,0

CMYK：26,25,70,0

CMYK：43,53,97,1

常用色彩搭配

CMYK：16,0,73,0
CMYK：41,4,4,0

柠檬黄与冰蓝两种浅色调搭配，可以营造出清新、灵动的视觉效果。

CMYK：6,23,89,0
CMYK：80,68,37,1

铬黄与水墨蓝形成强烈的对比，令人一目了然，留下深刻印象。

CMYK：5,42,92,0
CMYK：93,88,89,80

明亮的金盏花黄搭配深沉的黑色，可以获得醒目、鲜明的视觉效果。

CMYK：4,2,40,0
CMYK：8,80,90,0

奶黄搭配橙色，整体呈暖色调，给人温暖、热情、欢快的感觉。

配色速查

忧郁

CMYK：12,34,87,0
CMYK：35,24,81,0
CMYK：86,49,35,0

浓郁

CMYK：6,12,82,0
CMYK：28,44,55,0
CMYK：100,100,55,5

迷幻

CMYK：4,49,93,0
CMYK：56,1,24,0
CMYK：86,84,58,31

温暖

CMYK：11,0,62,0
CMYK：20,17,92,0
CMYK：8,55,91,0

该水晶吊灯以及金属墙面设计，凸显出空间富丽、华贵的格调，提升了饰品的档次。

色彩点评

- 暗橙色与金铜色墙面在灯光的照射下更加耀眼，给人留下庄重、大气的视觉印象。
- 浅褐色的地面色彩纯度较低，具有自然、朴实的特点，可以提升商业环境的亲和感。

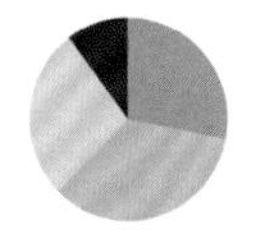

CMYK：13,50,83,0
CMYK：12,31,44,0
CMYK：13,21,25,0
CMYK：72,75,78,50

推荐色彩搭配

C：3 M：43 Y：73 K：0	C：3 M：16 Y：35 K：0	C：29 M：23 Y：96 K：0

C：88 M：87 Y：87 K：77	C：14 M：11 Y：10 K：0	C：21 M：48 Y：98 K：0

C：1 M：40 Y：91 K：0	C：94 M：90 Y：45 K：12	C：44 M：47 Y：51 K：0

该展示台布局井然有序，整体空间灯光明亮，给人一目了然、纯粹洁净的感觉，突出活泼、时尚的装修主题。

色彩点评

- 明黄色作为店铺主色，营造出阳光、活力、明快的空间氛围。
- 灰色地板色彩内敛、质朴，给人舒适、自然的感觉。

CMYK：18,28,87,0
CMYK：42,38,37,0

推荐色彩搭配

C：3 M：22 Y：62 K：0	C：13 M：0 Y：84 K：0	C：48 M：56 Y：100 K：3

C：62 M：5 Y：29 K：0	C：0 M：46 Y：91 K：0	C：11 M：11 Y：68 K：0

C：16 M：0 Y：80 K：0	C：89 M：84 Y：85 K：75	C：10 M：9 Y：8 K：0

3.4 绿色

3.4.1 认识绿色

绿色：绿色是自然的颜色，往往会令人想起森林、草地、蔬菜等，具有充满生命、健康、和平、治愈、希望、平和、希望的含义，是一种达到冷暖平衡的中性色彩。

黄绿色
RGB=196,222,0
CMYK=33,0,93,0

嫩绿色
RGB=169,208,107
CMYK=42,5,70,0

青瓷色
RGB=123,185,155
CMYK=56,13,47,0

粉绿色
RGB=130,227,198
CMYK=50,0,34,0

叶绿色
RGB=134,160,86
CMYK=55,29,78,0

苔绿色
RGB=136,134,55
CMYK=56,45,93,1

孔雀绿色
RGB=0,128,119
CMYK=84,40,58,0

松花色
RGB=167,229,106
CMYK=42,0,70,0

草绿色
RGB=170,196,104
CMYK=42,13,70,0

常青藤色
RGB=61,125,83
CMYK=79,42,80,3

铬绿色
RGB=0,105,90
CMYK=89,50,71,10

竹青色
RGB=108,147,95
CMYK=64,33,73,0

苹果绿色
RGB=158,189,25
CMYK=47,14,90,0

钴绿色
RGB=106,189,120
CMYK=62,6,66,0

翡翠绿色
RGB=21,174,103
CMYK=75,8,76,0

墨绿色
RGB=10,40,19
CMYK=90,70,99,61

3.4.2 绿色搭配

色彩调性： 生机、盎然、文艺、清新、自然、森系。

常用主题色：

CMYK：64,17,99,0

CMYK：40,13,94,0

CMYK：58,34,84,0

CMYK：58,47,94,3

CMYK：92,64,100,52

CMYK：87,45,91,6

常用色彩搭配

CMYK：33,0,93,0
CMYK：10,10,20,0

黄绿搭配象牙黄色，可以营造出富有生机、自然清新的空间氛围。

CMYK：42,5,70,0
CMYK：82,54,53,4

嫩绿与鸦青形成邻近色搭配，给人一种生命、清新的感觉。

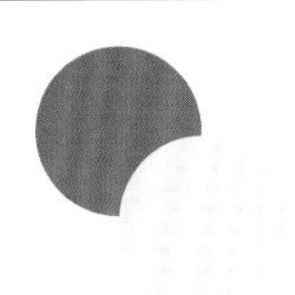

CMYK：84,40,58,0
CMYK：1,3,13,0

孔雀绿与米色搭配，可使整个空间充满呼吸感。

CMYK：90,70,99,61
CMYK：47,14,98,0

墨绿与苹果绿明暗层次分明，给人置身于森林中的感觉。

配色速查

奇异

CMYK：36,0,88,0
CMYK：60,100,73,45
CMYK：21,49,54,0

生机

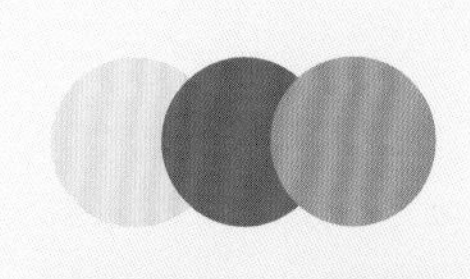

CMYK：8,4,73,0
CMYK：83,44,61,1
CMYK：57,22,53,0

简朴

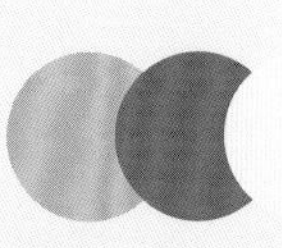

CMYK：30,26,1,0
CMYK：71,43,100,3
CMYK：5,0,22,0

森林

CMYK：51,0,84,0
CMYK：0,95,88,0
CMYK：83,63,100,44

该画面天花板上倒悬的小船突出了船屋的主题，使人仿佛置身于幽静的湖面，产生身临其境般的感受，打造出自然、闲适的休息区域。

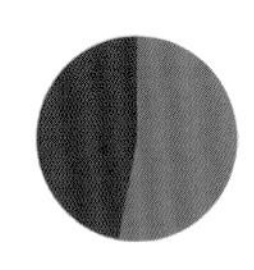

CMYK：80,37,58,0
CMYK：67,67,74,26

色彩点评

- 青绿色作为空间主色，给人自然、惬意、治愈的视觉感受。
- 深棕色木质展架给人天然、健康的感觉，有益于赢得消费者的信赖。

推荐色彩搭配

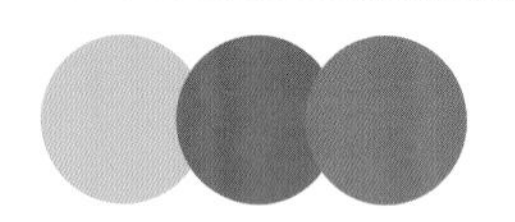

C：47 M：0 Y：71 K：0
C：82 M：41 Y：65 K：1
C：66 M：42 Y：36 K：0

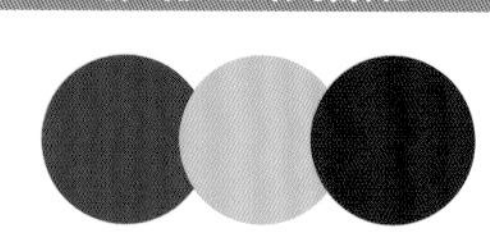

C：89 M：55 Y：82 K：22
C：36 M：5 Y：93 K：0
C：67 M：78 Y：84 K：50

C：34 M：0 Y：37 K：0
C：58 M：93 Y：100 K：50
C：85 M：48 Y：61 K：4

该会客厅以森系文艺风为主题，以充满生命感的植物图案加以装饰，营造出文艺、清新的艺术氛围。

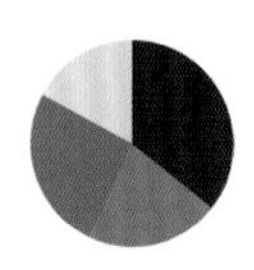

CMYK：81,73,75,50
CMYK：61,44,86,2
CMYK：68,51,55,2
CMYK：15,11,21,0

色彩点评

- 深绿色作为空间主色调，营造出自然、清新的环境氛围。
- 水青色搭配米色地板，使空间色彩更加明亮、轻柔，活跃了空间气氛。

推荐色彩搭配

C：35 M：0 Y：76 K：0
C：86 M：57 Y：100 K：32
C：1 M：92 Y：84 K：0

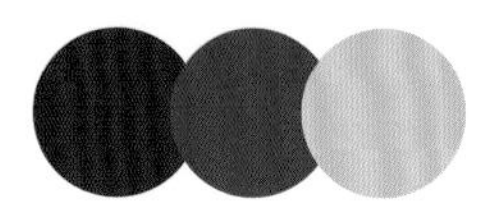

C：63 M：75 Y：100 K：44
C：88 M：55 Y：86 K：23
C：29 M：13 Y：44 K：0

C：72 M：58 Y：100 K：23
C：81 M：73 Y：75 K：49
C：12 M：2 Y：36 K：0

3.5 青色

3.5.1 认识青色

青色：青色是介于蓝色与绿色之间的色彩，富有东方典雅、古朴的韵味，能让人联想到澄净的湖水、缥渺的群山。青色属于冷色调，给人理性、沉静、悠远、含蓄、清冷的感觉；与浅色搭配时，给人清爽、干净的感觉；与深色搭配时则更显理性、庄重、严肃。

青色
RGB=0,255,255
CMYK=55,0,18,0

水青色
RGB=60,188,229
CMYK=67,9,11,0

群青色
RGB=0,57,129
CMYK=100,88,29,0

碧色
RGB=0,210,164
CMYK=68,0,51,0

霁青色
RGB=173,219,222
CMYK=37,4,16,0

浅天色
RGB=168,209,222
CMYK=39,9,13,0

浅酞青蓝色
RGB=2,150,201
CMYK=78,30,14,0

青碧色
RGB=0,126,127
CMYK=85,42,53,0

瓷青色
RGB=7,176,196
CMYK=73,13,27,0

白青色
RGB=222,239,242
CMYK=16,2,6,0

蟹青灰色
RGB=138,160,165
CMYK=52,32,32,0

鸦青色
RGB=54,106,113
CMYK=82,54,53,4

花浅葱色
RGB=0,140,163
CMYK=81,34,34,0

海青色
RGB=0,155,186
CMYK=78,26,25,0

靛青色
RGB=0,119,174
CMYK=85,49,18,0

藏青色
RGB=10,77,128
CMYK=95,75,34,0

3.5.2 青色搭配

色彩调性：淡雅、安静、纯净、清新、清浅、商务。

常用主题色：

CMYK：58,0,23,0 CMYK：80,35,15,0 CMYK：61,14,17,0 CMYK：40,5,19,0 CMYK：78,28,27,0 CMYK：93,67,36,1

常用色彩搭配

CMYK：37,4,16,0
CMYK：28,100,54,0

霁青色与宝石红搭配，可以形成典雅、秀丽的风格。

CMYK：95,75,34,0
CMYK：4,2,40,0

奶黄色可以减轻藏青色的沉闷感，使空间氛围更加温馨、和谐。

CMYK：82,54,53,4
CMYK：16,2,6,0

鸦青与蟹青灰形成冷色调搭配，可以营造清冷、安静的环境氛围。

CMYK：73,13,27,0
CMYK：96,87,6,0

瓷青色与宝石蓝搭配，呈现出冷静、庄重的视觉效果。

配色速查

沉寂

CMYK：94,71,34,0
CMYK：77,22,24,0
CMYK：37,100,100,3

清凉

CMYK：63,0,15,0
CMYK：93,88,89,80
CMYK：44,14,0,0

内敛

CMYK：48,82,78,14
CMYK：99,84,62,41
CMYK：12,12,9,0

朝气

CMYK：80,28,46,0
CMYK：6,14,23,0
CMYK：8,58,62,0

该空间以几何图形进行装饰，形成充满浪漫感的室内空间，营造出清新、清爽、轻快的空间氛围。

色彩点评

- 青色作为空间主色，色彩趋于冷色调，给人清凉、舒爽的感觉。
- 粉色作为辅助色搭配青色，使整体色彩更加明快、活泼。

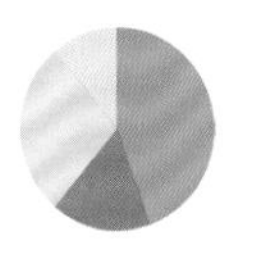

CMYK：75,11,39,0
CMYK：25,56,36,0
CMYK：5,18,5,0
CMYK：26,2,11,0

推荐色彩搭配

C：69	C：25	C：20
M：0	M：24	M：96
Y：49	Y：23	Y：75
K：0	K：0	K：0

C：75	C：0	C：93
M：13	M：25	M：74
Y：42	Y：2	Y：83
K：0	K：0	K：62

C：13	C：36	C：88
M：88	M：0	M：55
Y：62	Y：14	Y：52
K：0	K：0	K：4

该商店以低明度的色彩为主，在昏暗灯光下更显神秘，营造出神秘、尊贵、庄重的商业空间氛围。

色彩点评

- 深青色明度较低，可以营造出庄重、复古、古典的环境氛围。
- 铜色地板与展架在灯光照射下，给人一种华丽、耀眼的感觉。

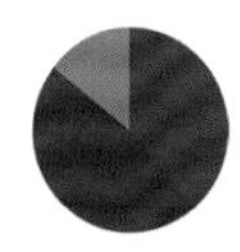

CMYK：93,65,59,18
CMYK：95,72,53,16
CMYK：24,59,78,0

推荐色彩搭配

C：95	C：14	C：18
M：73	M：34	M：50
Y：55	Y：40	Y：73
K：19	K：0	K：0

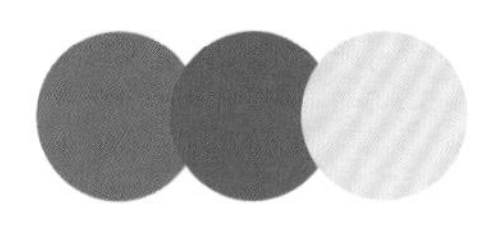

C：53	C：84	C：14
M：52	M：50	M：11
Y：66	Y：35	Y：13
K：1	K：0	K：0

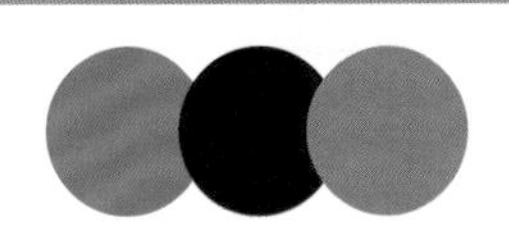

C：82	C：100	C：40
M：37	M：100	M：53
Y：36	Y：62	Y：58
K：0	K：28	K：0

3.6 蓝色

3.6.1 认识蓝色

蓝色： 蓝色是最极端的冷色，是永恒、深邃的象征，蓝色能让人联想起广袤辽阔的海洋、碧蓝的天空与浩瀚的宇宙，具有安静、清凉、安详、纯净、美丽、博大的特性，还具有沉稳、冷静、理智、宽广、科技等概念。

蓝色
RGB=0,0,255
CMYK=92,75,0,0

海蓝色
RGB=22,104,178
CMYK=87,58,8,0

深蓝色
RGB=0,64,152
CMYK=99,82,11,0

水蓝色
RGB=89,195,226
CMYK=62,7,13,0

午夜蓝色
RGB=0,51,102
CMYK=100,91,47,8

矢车菊蓝色
RGB=100,149,237
CMYK=64,38,0,0

皇室蓝色
RGB=65,105,225
CMYK=79,60,0,0

宝石蓝色
RGB=31,57,153
CMYK=96,87,6,0

水墨蓝色
RGB=73,90,128
CMYK=80,68,37,1

孔雀蓝色
RGB=0,123,167
CMYK=84,46,25,0

湖蓝色
RGB=0,205,239
CMYK=67,0,13,0

蓝黑色
RGB=0,24,53
CMYK=100,99,66,57

道奇蓝色
RGB=30,144,255
CMYK=75,40,0,0

冰蓝色
RGB=159,217,246
CMYK=41,4,4,0

蔚蓝色
RGB=32,174,229
CMYK=72,17,7,0

钴蓝色
RGB=0,93,172
CMYK=91,65,8,0

3.6.2 蓝色搭配

色彩调性：科幻、梦幻、冷静、优雅、冰冷、沉着。

常用主题色：

CMYK：66,0,9,0

CMYK：38,3,5,0

CMYK：80,50,0,0

CMYK：78,42,13,0

CMYK：94,81,0,0

CMYK：100,90,22,0

常用色彩搭配

CMYK：92,75,0,0
CMYK：11,99,100,0

蓝色与绯红色两种高纯度色彩具有极强的视觉冲击力。

CMYK：72,17,7,0
CMYK：6,23,89,0

蔚蓝与铬黄色搭配，给人活力、饱满、个性的感觉。

CMYK：96,87,6,0
CMYK：3,2,2,0

宝石蓝与白色搭配，给人严谨、安静的感觉，可以塑造商务风格。

CMYK：100,97,64,47
CMYK：31,48,100,0

蓝黑色与黄褐色两种低明度的色彩搭配，可以获得沉着、成熟的视觉效果。

配色速查

温柔

CMYK：84,68,29,0
CMYK：9,37,39,0
CMYK：14,14,9,0

安静

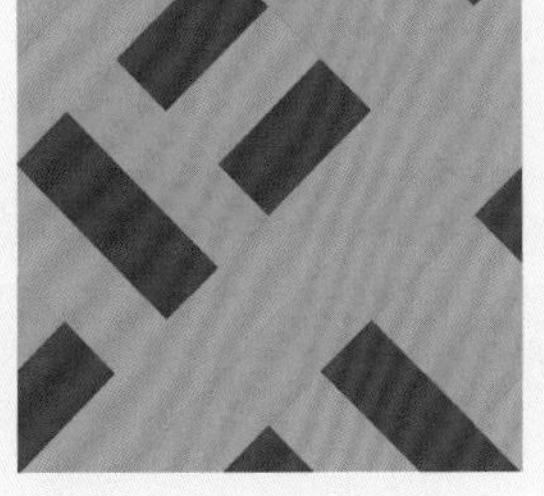
CMYK：6,42,91,0
CMYK：48,27,11,0
CMYK：80,70,41,2

简约

CMYK：32,0,6,0
CMYK：90,85,85,76
CMYK：4,71,25,0

明媚

CMYK：14,7,0,0
CMYK：27,97,26,0
CMYK：22,19,89,0

该空间以马赛克拼接图案为主，形成碎片化的艺术效果，给人一种晶莹剔透的清爽感。

色彩点评

- 天蓝色、蔚蓝色搭配使画面层次更加分明。
- 蓝色调能让人联想到深邃、广阔的大海，从而使人心旷神怡。
- 白色作为辅助色搭配蓝色，使空间色彩更加纯洁、清爽。

CMYK：5,1,1,0
CMYK：47,9,11,0
CMYK：100,97,45,1
CMYK：28,30,57,0

推荐色彩搭配

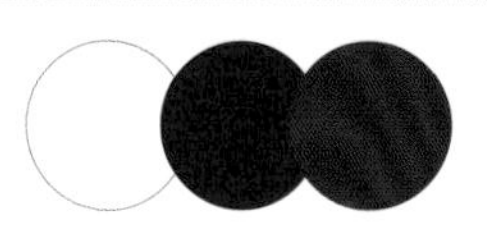

C：0 M：0 Y：0 K：0

C：100 M：99 Y：52 K：3

C：76 M：70 Y：73 K：39

C：75 M：25 Y：16 K：0

C：34 M：9 Y：0 K：0

C：57 M：42 Y：42 K：0

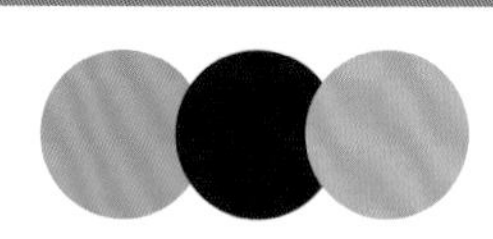

C：73 M：18 Y：3 K：0

C：77 M：77 Y：89 K：63

C：27 M：29 Y：52 K：0

该橱窗中的模特与闪烁的星光、星球等设计元素突出了画面的科幻主题，给人留下梦幻、朦胧、神秘的视觉印象。

色彩点评

- 午夜蓝作为橱窗主色调，描绘出繁星闪烁的夜空，给人一种静谧、唯美的感觉。
- 黑白两色使整体色彩更加和谐、统一。

CMYK：100,98,49,15
CMYK：5,4,2,0
CMYK：92,87,75,66

推荐色彩搭配

C：55 M：34 Y：30 K：0

C：1 M：1 Y：1 K：0

C：91 M：80 Y：51 K：16

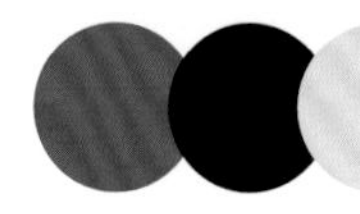

C：86 M：67 Y：13 K：0

C：92 M：87 Y：88 K：79

C：18 M：10 Y：9 K：0

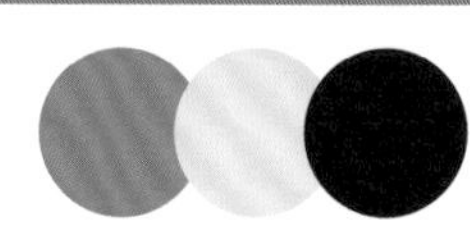

C：68 M：38 Y：0 K：0

C：12 M：8 Y：11 K：0

C：100 M：98 Y：55 K：19

3.7 紫色

3.7.1 认识紫色

紫色：紫色是由热情的红色与冷静的蓝色叠加而成的二次色，属于中性偏冷色调。紫色自古便是高贵、神圣的象征，是皇室的专属色彩，代表着高贵、优雅、魅力、声望、神秘；与此相反，紫色也会使人产生傲慢、忧郁、孤独、悲伤、不安等负面感受。

紫色
RGB=166,3,252
CMYK=66,80,0,0

丁香色
RGB=187,161,203
CMYK=32,41,4,0

雪青色
RGB=182,166,230
CMYK=36,37,0,0

紫藤色
RGB=115,91,159
CMYK=66,71,12,0

紫风信子色
RGB=97,55,129
CMYK=76,91,22,0

锦葵色
RGB=211,105,164
CMYK=22,71,8,0

三色堇紫色
RGB=139,0,98
CMYK=58,100,42,2

香水草色
RGB=111,25,111
CMYK=72,100,33,0

鸩羽紫色
RGB=190,135,176
CMYK=32,55,12,0

嫩木槿色
RGB=219,190,218
CMYK=17,31,3,0

藕荷色
RGB=216,191,206
CMYK=18,29,11,0

藤色
RGB=192,184,219
CMYK=29,29,2,0

紫鸢色
RGB=69,53,128
CMYK=87,91,24,0

兰紫色
RGB=136,57,138
CMYK=59,88,15,0

黛色
RGB=127,100,142
CMYK=60,66,28,0

菖蒲色
RGB=85,28,104
CMYK=82,100,42,3

3.7.2 紫色搭配

色彩调性：浪漫、雅致、古典、婉约、甜蜜、魅力。

常用主题色：

CMYK：72,73,0,0

CMYK：46,98,37,0

CMYK：34,34,12,0

CMYK：44,43,9,0

CMYK：85,89,18,0

CMYK：33,52,9,0

常用色彩搭配

CMYK：36,37,0,0
CMYK：11,94,40,0

淡紫色与玫瑰红搭配，给人一种妩媚、娇艳、优雅的感觉。

CMYK：58,100,42,2
CMYK：7,2,68,0

三色堇紫色搭配月光黄，在成熟中不失活泼。

CMYK：76,91,22,0
CMYK：1,15,11,0

紫风信子搭配浅粉红色，可以获得明快、温柔的视觉效果。

CMYK：87,91,24,0
CMYK：14,23,36,0

紫鸢色与茶色搭配，可使整个空间充满和煦、治愈、温馨的气息。

配色速查

魅力

CMYK：68,93,51,15
CMYK：18,33,4,0
CMYK：0,73,60,0

欢快

CMYK：36,56,0,0
CMYK：19,13,86,0
CMYK：9,95,33,0

时尚

CMYK：74,82,0,0
CMYK：12,90,99,0
CMYK：15,15,14,0

率性

CMYK：44,33,10,0
CMYK：47,100,33,0
CMYK：16,0,72,0

该甜品店布局简约，以简单的图形为设计元素，通过大面积色块的搭配，营造出清新、恬淡、浪漫的空间氛围。

色彩点评

- 丁香紫与紫色作为空间主色，营造出浪漫、惬意、淡雅的空间氛围。
- 米色与白色搭配，增添了暖调色彩，提升了空间的亲和力。

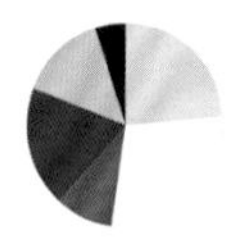

CMYK：13,21,0,0
CMYK：0,0,0,0
CMYK：43,79,0,0
CMYK：74,90,0,0
CMYK：18,24,40,0
CMYK：88,83,83,73

推荐色彩搭配

C：13	C：69	C：18
M：22	M：92	M：0
Y：0	Y：0	Y：72
K：0	K：0	K：0

C：9	C：0	C：58
M：13	M：0	M：81
Y：29	Y：0	Y：0
K：0	K：0	K：0

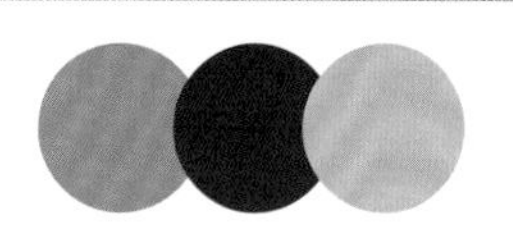

C：27	C：86	C：11
M：54	M：100	M：34
Y：13	Y：49	Y：39
K：0	K：4	K：0

该美容店内展台与展架规整有序，给人洁净、规整的感觉，易获得消费者的好感。

色彩点评

- 三色堇紫色作为空间主色，给人娇艳、绚丽的感觉。
- 鲜黄色作为点缀色，与紫色对比强烈，增强了画面的视觉冲击力。

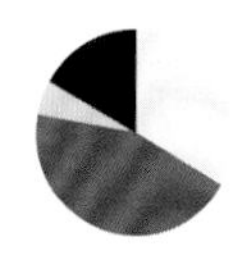

CMYK：3,5,4,0
CMYK：19,87,7,0
CMYK：13,5,78,0
CMYK：92,88,87,78

推荐色彩搭配

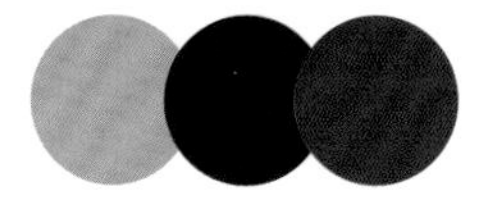

C：28	C：88	C：55
M：41	M：84	M：95
Y：3	Y：84	Y：59
K：0	K：74	K：14

C：92	C：18	C：35
M：87	M：86	M：25
Y：88	Y：2	Y：5
K：79	K：0	K：0

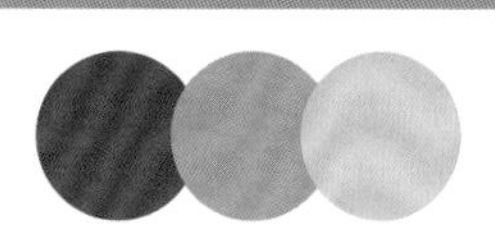

C：26	C：34	C：13
M：91	M：44	M：17
Y：20	Y：0	Y：88
K：0	K：0	K：0

3.8 黑、白、灰

3.8.1 认识黑、白、灰

黑色：黑色是明度最低的色彩，是黑夜、神秘、深沉、庄严、尊贵的象征，可以营造肃穆、神秘、忧伤、深沉的环境氛围。

白色：白色是没有色相的无彩色，象征着神圣、纯洁、洁净，是最明亮的色彩。白色是纯粹、无垢的色彩，将任意色彩加入白色之中，都会产生不同的色彩倾向，其色彩柔和、含蓄，给人安静、和谐的感觉。

灰色：灰色介于黑色与白色之间，与黑色相比更加内敛、含蓄、低调，比白色更加柔和、温和，是具有极强包容性的中性色。灰色与其他颜色搭配，可以获得舒适而和谐的视觉效果，具有简朴、随意、低调、认真的特点。

白色
RGB=255,255,255
CMYK=0,0,0,0

亮灰色
RGB=230,230,230
CMYK=12,9,9,0

浅灰色
RGB=175,175,175
CMYK=36,29,27,0

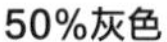

50%灰色
RGB=129,129,129
CMYK=57,48,45,0

黑灰色
RGB=68,68,68
CMYK=76,70,67,30

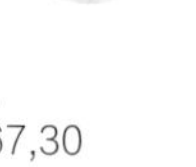

黑色
RGB=0,0,0
CMYK=93,88,89,80

3.8.2 黑、白、灰搭配

色彩调性： 纯净、含蓄、沉着、质朴、庄重、神秘。

常用主题色：

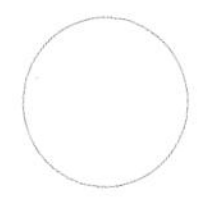
CMYK：0,0,0,0

CMYK：12,9,9,0

CMYK：36,29,27,0

CMYK：57,48,45,0

CMYK：76,70,67,30

CMYK：93,88 ,89,80

常用色彩搭配

CMYK：0,0,0,0
CMYK：20,0,85,0

纯净的白色与明亮的黄色搭配，给人鲜活、明快的感觉。

CMYK：12,9,9,0
CMYK：84,46,25,0

亮灰与孔雀蓝搭配，可以营造出安静、严肃的空间氛围。

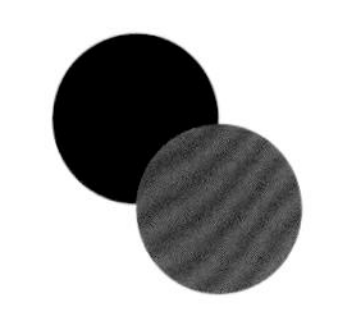

CMYK：93,88,89,80
CMYK：9,85,86,0

朱红色将黑色的沉闷、昏暗点燃，使色彩更具冲击力与刺激性。

CMYK：76,70,67,30
CMYK：100,91,47,8

黑灰色搭配午夜蓝，这两种低明度色彩常给人尊贵、内敛、庄重的感觉。

配色速查

复古

CMYK：7,8,8,0
CMYK：32,51,76,0
CMYK：50,75,25,0

极简

CMYK：91,86,87,78
CMYK：76,57,59,9
CMYK：4,3,4,0

休闲

CMYK：89,71,38,2
CMYK：1,1,1,0
CMYK：28,81,100,0

田园

CMYK：27,21,20,0
CMYK：56,0,98,0
CMYK：62,72,100,38

将几何图案作为吧台图案装点空间，给人清爽、简洁、明快的感觉，可以营造出舒适、惬意的环境氛围。

色彩点评

- 黑色天花板与白色地板对比鲜明，给人醒目、简约的感觉。
- 青色、粉色色块增添了空间的亮色，使其更显温馨、温柔。

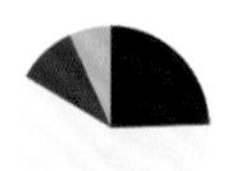

CMYK：87,80,78,64
CMYK：5,4,2,0
CMYK：88,73,60,27
CMYK：13,33,28,0

推荐色彩搭配

C：77	C：10	C：96
M：67	M：24	M：76
Y：65	Y：18	Y：47
K：27	K：0	K：10

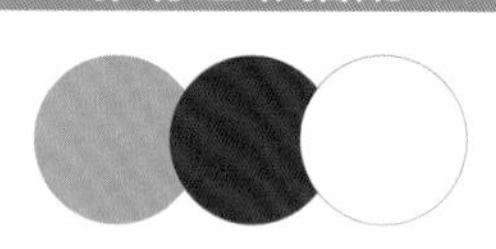

C：13	C：87	C：0
M：43	M：72	M：0
Y：29	Y：60	Y：0
K：0	K：27	K：0

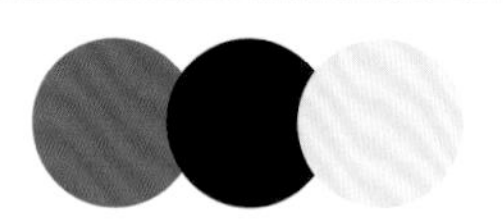

C：62	C：89	C：3
M：59	M：86	M：8
Y：56	Y：87	Y：24
K：4	K：76	K：0

现代科幻风格的壁画使整个空间充满个性、奇异、时尚的气息，给人留下深刻的印象。

色彩点评

- 黑白图案色彩简约、对比分明，极易吸引消费者的目光。
- 原木墙面与桌面凸显自然、质朴的特点，给人亲切、安心的感觉。

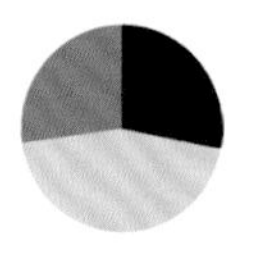

CMYK：88,84,84,74
CMYK：21,14,16,0
CMYK：29,56,67,0

推荐色彩搭配

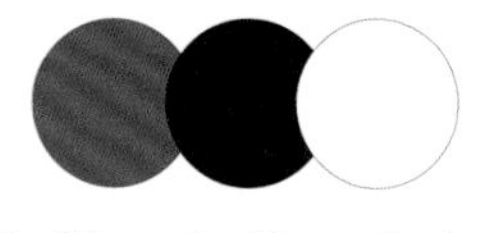

C：22	C：82	C：0
M：91	M：84	M：0
Y：88	Y：87	Y：0
K：0	K：73	K：0

C：82	C：51	C：18
M：79	M：55	M：14
Y：69	Y：62	Y：14
K：48	K：1	K：0

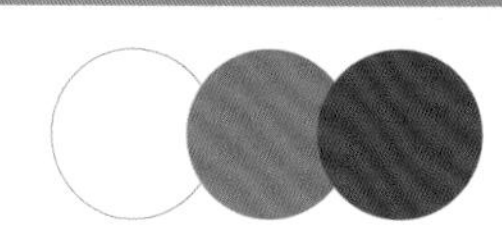

C：0	C：29	C：71
M：0	M：56	M：63
Y：0	Y：81	Y：65
K：0	K：0	K：18

第4章

商业空间的设计原则

商业空间的设计原则包括新颖的视觉刺激、合理的行走路径、明确的功能布局、符合定位的设计风格、鲜明的城市地域文化，以及包容开放的创新等。不同的设计方式可以呈现出不同的美感与规律，根据相应的设计原则进行设计可以使商业空间更具美观性与独特性，给予消费者以不同的感受。

其特点如下所述。

- 具有特定风格与深意。
- 色彩对比鲜明，视觉冲击力较强。
- 强烈的秩序性与创意感。
- 功能布局分布明确。

4.1 新颖的视觉刺激

商业空间通过视觉设计元素，可以向消费者传递商品信息，通过色彩的运用以及新颖、创新、独具特色的空间设计，吸引消费者的目光，从而刺激购买行为。

色彩调性： 热情、鲜活、绚丽、活泼、灵动、年轻。

常用主题色：

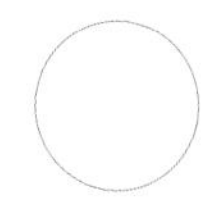
CMYK：0,0,0,0

CMYK：0,97,91,0

CMYK：70,81,0,0

CMYK：75,33,0,0

CMYK：9,0,83,0

CMYK：92,87,88,79

常用色彩搭配

CMYK：0,0,0,0
CMYK：23,0,86,0

纯净的白色与黄绿色搭配，可以营造出充满生机与活力的空间氛围。

CMYK：9,58,24,0
CMYK：70,81,0,0

山茶粉与深紫色搭配，可以形成浪漫、甜美的装修风格。

CMYK：0,97,91,0
CMYK：31,4,3,0

草莓红与冰蓝色形成冷暖对比，具有极强的视觉冲击力。

CMYK：84,60,0,0
CMYK：92,87,88,79

皇室蓝与黑色搭配，可以营造出尊贵、大气的空间氛围。

配色速查

调皮

CMYK：17,6,82,0
CMYK：98,96,54,29
CMYK：31,14,7,0

绚丽

CMYK：0,0,0,0
CMYK：18,87,63,0
CMYK：74,83,17,0

美味

CMYK：8,52,90,0
CMYK：39,99,100,5
CMYK：12,77,81,0

娇艳

CMYK：7,92,45,0
CMYK：1,1,1,0
CMYK：57,5,27,0

该画面中抽象的女性面部形象与流畅的线条打造出别具一格的用餐空间，极具辨识性与个性化的设计感。

色彩点评

- 橘粉色作为空间主色，营造出温馨、优雅的环境氛围。
- 黑灰相间的大理石桌所具有的纹理，呈现出天然、复古的视觉效果。

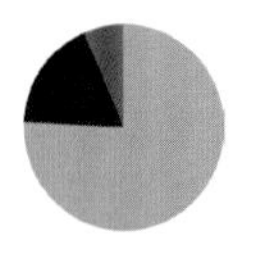

CMYK：4,51,46,0
CMYK：80,86,90,73
CMYK：23,86,100,0

推荐色彩搭配

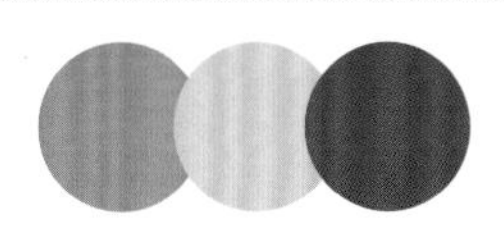

C：4	C：4	C：72
M：57	M：24	M：64
Y：48	Y：35	Y：61
K：0	K：0	K：16

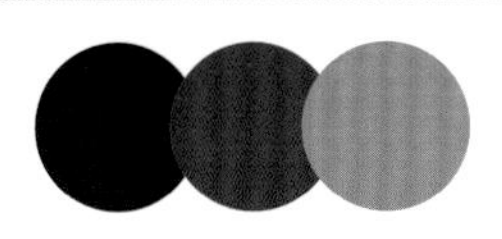

C：81	C：45	C：11
M：86	M：91	M：58
Y：90	Y：100	Y：36
K：74	K：13	K：0

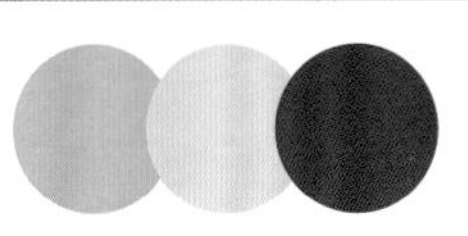

C：0	C：18	C：34
M：38	M：8	M：92
Y：28	Y：48	Y：100
K：0	K：0	K：1

缤纷的色彩与轮船造型的娱乐空间可以在最短时间内吸引儿童的目光，具有极强的视觉吸引力。

色彩点评

- 该俱乐部大量使用米色装饰元素，形成了和谐、和煦、温柔的视觉效果。
- 红色、黄色、绿色、蔚蓝色等色彩绚丽、饱满，给人绚丽、缤纷的感觉。

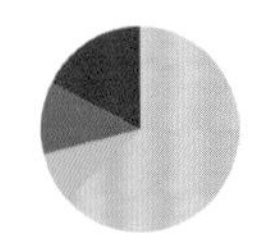

CMYK：11,25,62,0
CMYK：60,0,93,0
CMYK：86,57,19,0
CMYK：11,98,100,0

推荐色彩搭配

C：7	C：12	C：76
M：21	M：98	M：42
Y：48	Y：100	Y：0
K：0	K：0	K：0

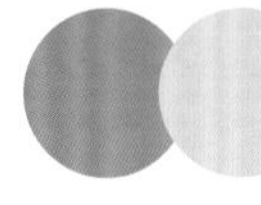

C：73	C：9	C：5
M：22	M：8	M：97
Y：100	Y：85	Y：67
K：0	K：0	K：0

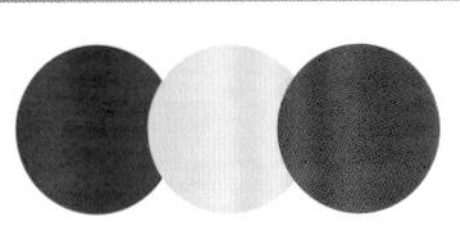

C：94	C：5	C：13
M：78	M：14	M：87
Y：0	Y：29	Y：99
K：0	K：0	K：0

独特的灯光与冰激凌柜台造型使该酒吧极具辨识度，营造出欢快、愉悦的空间氛围，能使顾客更加喜爱产品与商店环境。

色彩点评

- 以黑色与白色作为空间背景色，并占据大部分面积，形成了强烈的对比，极具视觉冲击力。
- 红色与青色形成对比色，极具色彩的碰撞感，给人鲜活、灵动的感觉。

CMYK：4,3,3,0
CMYK：86,84,77,67
CMYK：11,97,100,0
CMYK：65,0,39,0

推荐色彩搭配

C：11	C：67	C：31
M：8	M：0	M：99
Y：8	Y：26	Y：100
K：0	K：0	K：1

C：86	C：13	C：65
M：85	M：97	M：0
Y：78	Y：56	Y：55
K：68	K：0	K：0

C：1	C：67	C：79
M：1	M：7	M：74
Y：1	Y：42	Y：72
K：0	K：0	K：46

金属展架与阴暗的店铺环境营造出神秘、独特的空间氛围，形成了类似于赛博朋克风格的展示效果，给人独具一格的感觉。

色彩点评

- 昏暗的灯光使空间极具压迫感，结合金属质感，更显机械、个性的风格。
- 照明的灯光点亮了空间，强化了空间明暗的冲突感，更添神秘、时尚气息。

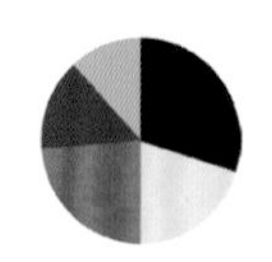

CMYK：91,86,87,78
CMYK：14,11,11,0
CMYK：7,80,17,0
CMYK：16,97,100,0
CMYK：69,0,92,0

推荐色彩搭配

C：8	C：44	C：91
M：79	M：0	M：86
Y：26	Y：44	Y：87
K：0	K：0	K：78

C：82	C：17	C：13
M：29	M：99	M：5
Y：100	Y：100	Y：56
K：0	K：0	K：0

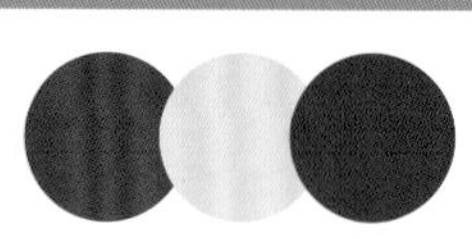

C：17	C：15	C：23
M：89	M：11	M：99
Y：100	Y：11	Y：48
K：0	K：0	K：0

4.2 合理地设置行走路径

商业空间的布局应以消费者消费心理为基础进行规划，顺畅的通道与活动空间，可以为消费者带来愉悦的心情。一条合理、流畅的行走路径，可以引导消费者更好地了解、深入商业空间内部，从而产生良好的购物体验。

色彩调性：舒适、自然、纯净、清新、温和、安静。

常用主题色：

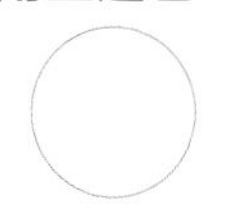
CMYK：0,0,0,0

CMYK：5,7,27,0

CMYK：53,18,0,0

CMYK：86,47,100,11

CMYK：49,41,38,0

CMYK：87,82,84,72

常用色彩搭配

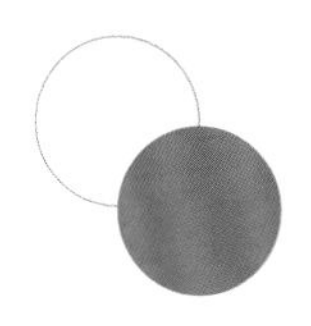
CMYK：0,0,0,0
CMYK：77,33,100,0

油绿色在白色的衬托下更显生机，使空间充满呼吸感与通透感。

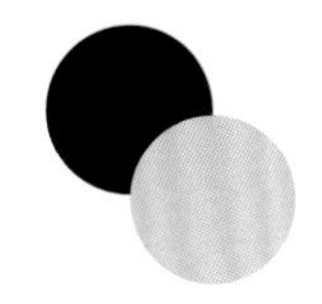
CMYK：87,82,84,72
CMYK：38,9,1.0

黑色与淡蓝色形成鲜明的明暗对比，丰富了空间的色彩层次。

CMYK：45,65,99,5
CMYK：5,7,27,0

香槟黄与黄褐色形成邻近色对比，整体洋溢着温暖、柔和的气息。

CMYK：57,40,0,0
CMYK：34,29,27,0

矢车菊蓝与中灰色搭配，使空间色彩充满内敛、古典的气息。

配色速查

冷静

CMYK：83,58,8,0
CMYK：79,71,69,39
CMYK：10,9,9,0

朦胧

CMYK：0,0,0,0
CMYK：12,24,29,0
CMYK：98,89,56,31

温馨

CMYK：71,79,73,47
CMYK：12,28,60,0
CMYK：31,30,27,0

复古

CMYK：0,0,0,0
CMYK：70,21,100,0
CMYK：81,67,41,2

该商城采用木质地板与楼梯搭配，使整个购物环境充满自然气息，给人自然、清新的感觉，同时四通八达的开放空间也便于消费者浏览。

色彩点评

- 原木色木质材料的大量使用，赋予空间极强的大自然气息，增添了亲和力。
- 少量绿植的点缀，更显鲜活，增强了空间的呼吸感与通透感。

CMYK：9,43,71,0
CMYK：6,5,5,0
CMYK：60,31,100,0

推荐色彩搭配

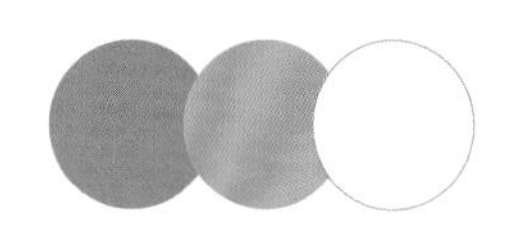

C：16	C：43	C：0
M：51	M：22	M：0
Y：79	Y：76	Y：0
K：0	K：0	K：0

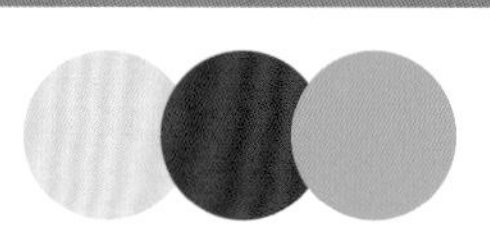

C：16	C：42	C：72
M：12	M：84	M：0
Y：11	Y：100	Y：87
K：0	K：8	K：0

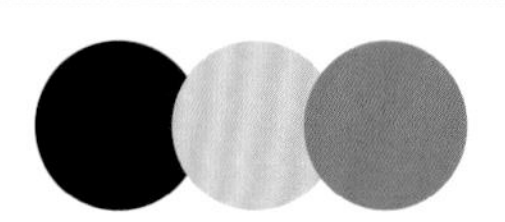

C：88	C：14	C：33
M：84	M：19	M：53
Y：84	Y：20	Y：62
K：74	K：0	K：0

该开放型的大型商场视野开阔，能够容纳较多的人流量，避免了浏览时的死角，给人以开阔、明亮的感觉。

色彩点评

- 浅棕色作为空间主色，使整体空间呈暖色调，营造出温馨、温暖的环境氛围。
- 白色作为辅助色，使空间更显洁净、清爽。

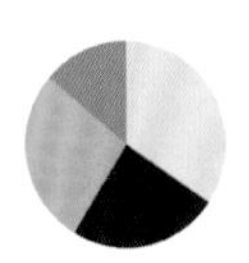

CMYK：14,11,11,0
CMYK：85,82,77,65
CMYK：0,43,91,0
CMYK：38,51,48,0

推荐色彩搭配

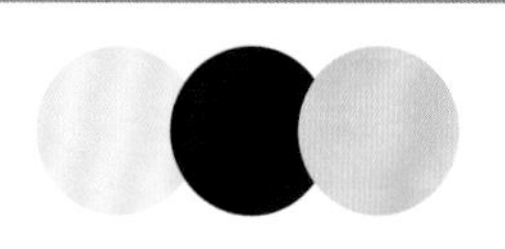

C：9	C：81	C：9
M：7	M：88	M：17
Y：7	Y：88	Y：37
K：0	K：79	K：0

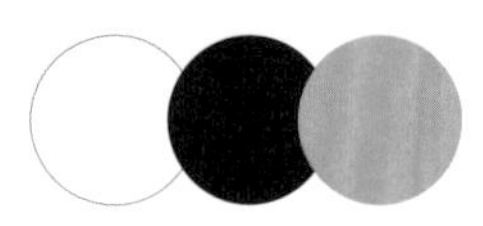

C：0	C：98	C：0
M：0	M：100	M：42
Y：0	Y：56	Y：90
K：0	K：8	K：0

C：67	C：47	C：16
M：71	M：39	M：10
Y：64	Y：100	Y：9
K：22	K：0	K：0

该商场底层用色块设计营造出流水流淌而下的视觉效果，制造出流动感，增强了商业空间的设计感和空间层次感，可以吸引顾客停留。

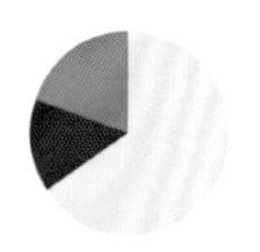

CMYK：8,9,14,0
CMYK：79,75,71,45
CMYK：76,42,0,0

色彩点评

- 灰色作为空间主色，给人简约、纯粹、商务的感觉。
- 冷色调的蓝色作为辅助色，呈现出冷静、清凉的视觉效果，给人平静的感受。

推荐色彩搭配

C：8 M：9 Y：14 K：0
C：97 M：78 Y：27 K：0
C：31 M：50 Y：95 K：0

C：18 M：14 Y：14 K：0
C：51 M：19 Y：0 K：0
C：50 M：58 Y：83 K：5

C：79 M：75 Y：71 K：45
C：74 M：65 Y：48 K：5
C：44 M：19 Y：0 K：0

该酒店大堂中不同的陈设与设施将休息区域和接待区域区分开，盘旋而上的楼梯便于消费者了解环境，令人一目了然。

色彩点评

- 米色作为大堂主色，营造出温馨、幸福的氛围，增强了酒店环境的亲和力。
- 酒红色的沙发与家具小品呈现出复古、成熟、尊贵的视觉效果。

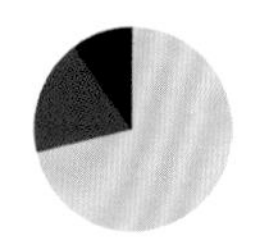

CMYK：14,19,51,0
CMYK：31,100,100,1
CMYK：91,87,88,78

推荐色彩搭配

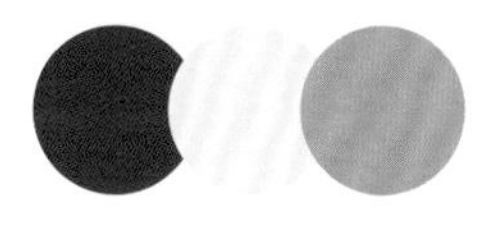

C：33 M：100 Y：100 K：1
C：2 M：5 Y：5 K：0
C：16 M：38 Y：57 K：0

C：68 M：69 Y：63 K：19
C：42 M：93 Y：69 K：4
C：4 M：15 Y：36 K：0

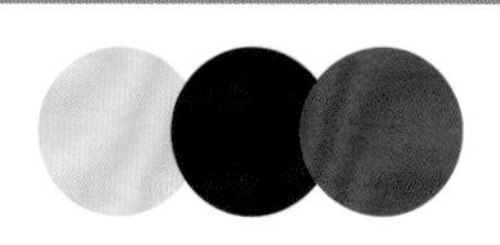

C：15 M：16 Y：21 K：0
C：78 M：79 Y：86 K：66
C：18 M：88 Y：99 K：0

4.3 明确的功能布局分布

商业空间的功能分区与布局要最大限度地吸引消费者，使顾客经过每一处商铺，例如餐饮区、娱乐区等放置在较高的楼层，并且应适宜地设置装饰物与休息设施，以便吸引消费者更久地停留。

色彩调性： 典雅、平和、沉稳、安静、自然、明亮。

常用主题色：

CMYK：0,0,0,0

CMYK：9,7,8,0

CMYK：15,35,58,0

CMYK：88,84,84,74

CMYK：7,42,91,0

CMYK：86,67,49,8

常用色彩搭配

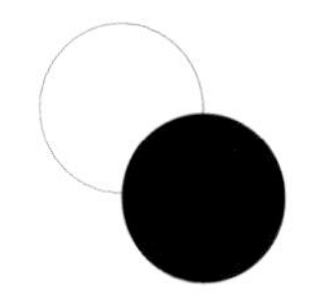
CMYK：0,0,0,0
CMYK：88,84,84,74

黑白两色的搭配鲜明、经典，使空间界限更加明显。

CMYK：15,35,58,0
CMYK：9,7,8,0

深橙色与亮灰色搭配，使空间更具温馨、和煦的气息。

CMYK：7,42,91,0
CMYK：11,98,100,0

草莓红与太阳橙搭配，使餐饮区更显美味与热情。

CMYK：86,57,30,0
CMYK：9,22,33,0

孔雀蓝与奶咖色搭配，塑造出古典、浪漫的欧式装修风格。

配色速查

含蓄

CMYK：28,15,9,0
CMYK：76,65,62,18
CMYK：22,2,31,0

英伦

CMYK：53,93,100,37
CMYK：0,0,0,0
CMYK：91,66,44,4

鲜明

CMYK：8,20,22,0
CMYK：14,31,87,0
CMYK：91,87,87,78

神秘

CMYK：51,54,61,1
CMYK：38,100,100,4
CMYK：89,84,85,75

该商场采用环形布局方式，形成开阔的视野，有利于消费者区分各个区域，具有较强的引导性。

色彩点评

- 白色作为空间整体的主色调，给人清爽、洁净、简约的感觉。
- 黄色、褐色、蓝色搭配，使空间充满温暖、欢快的气息。

CMYK：5,4,4,0
CMYK：22,13,80,0
CMYK：56,66,100,19
CMYK：87,64,0,0

推荐色彩搭配

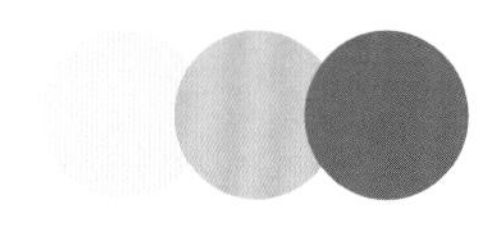

C：6	C：25	C：79
M：0	M：17	M：48
Y：33	Y：11	Y：0
K：0	K：0	K：0

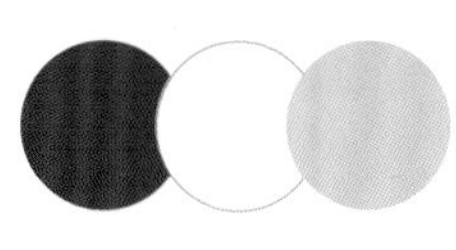

C：69	C：0	C：44
M：70	M：0	M：5
Y：73	Y：0	Y：1
K：32	K：0	K：0

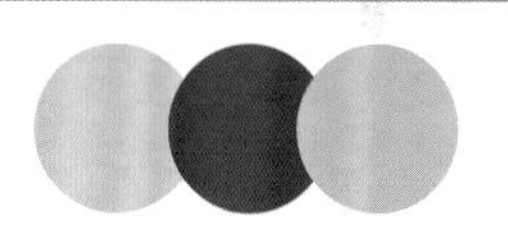

C：13	C：55	C：16
M：17	M：75	M：26
Y：70	Y：99	Y：27
K：0	K：27	K：0

该现代购物中心在餐饮区外侧设置休息区，既便于消费者在购物之余休息，又可以更好地吸引顾客，增加人流量。

色彩点评

- 白色占据空间较大的面积，呈现出干净、整洁的视觉效果，使消费者更加安心。
- 棕色地板与桌椅的设置，给人留下了天然、自然、值得信赖的印象。

CMYK：8,6,6,0
CMYK：25,69,91,0

推荐色彩搭配

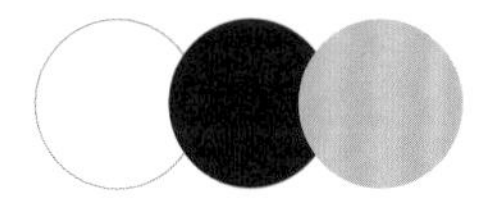

C：0	C：100	C：7
M：0	M：100	M：27
Y：1	Y：56	Y：34
K：0	K：8	K：0

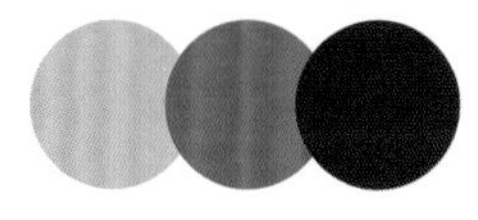

C：28	C：40	C：53
M：22	M：64	M：99
Y：14	Y：73	Y：100
K：0	K：1	K：39

C：8	C：24	C：90
M：6	M：48	M：86
Y：6	Y：66	Y：76
K：0	K：0	K：67

顶层天花板垂下的灯饰作为购物中心内部中枢的重要设计元素，作为商业空间的点睛之处，具有较强的吸引力与设计感。

色彩点评

- 购物中心以白色为主色，整个空间明亮、整洁，便于消费者浏览。
- 灯饰采用红色、黄色、橘色、绿色等色彩进行搭配，色彩浓郁、绚丽，极具视觉吸引力。

CMYK：0,0,0,0
CMYK：22,100,100,0
CMYK：69,0,100,0
CMYK：8,7,87,0
CMYK：0,69,92,0

推荐色彩搭配

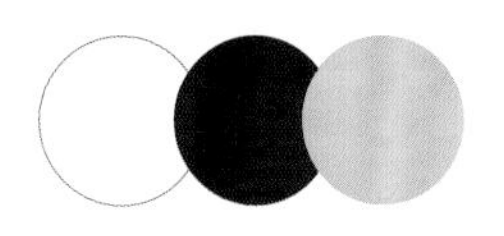

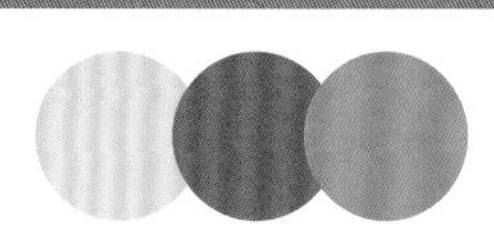

C：0	C：85	C：10	C：20	C：22	C：54	C：7	C：18	C：61
M：0	M：78	M：16	M：14	M：100	M：10	M：17	M：69	M：25
Y：0	Y：71	Y：89	Y：7	Y：82	Y：0	Y：9	Y：100	Y：95
K：0	K：53	K：0	K：0	K：0	K：0	K：0	K：0	K：0

该酒店大堂设置有独立的会客区与休息区，空间布局开放、通透，给人井然有序的感觉。

色彩点评

- 米色作为大堂主色，凸显温馨、和煦的空间氛围。
- 红色的点缀带来热情、明媚的视觉效果，增强了空间的吸引力。

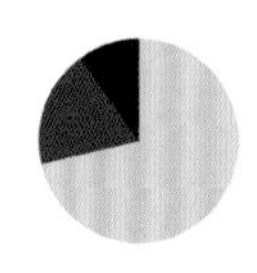

CMYK：12,14,27,0
CMYK：0,97,89,0
CMYK：61,67,91,27
CMYK：90,85,87,77

推荐色彩搭配

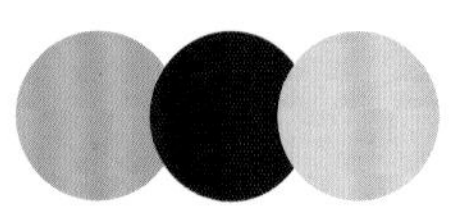

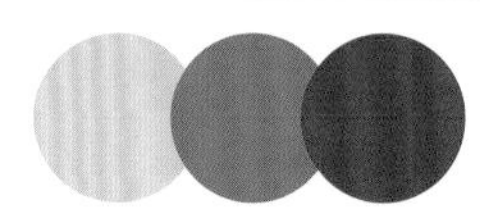

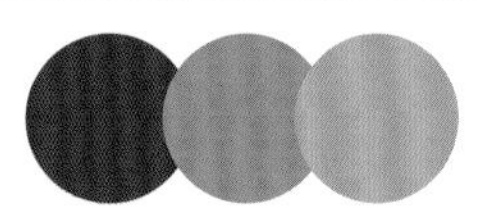

C：25	C：73	C：7	C：12	C：50	C：7	C：61	C：22	C：31
M：28	M：77	M：21	M：14	M：48	M：91	M：67	M：44	M：29
Y：39	Y：92	Y：38	Y：27	Y：74	Y：91	Y：91	Y：89	Y：39
K：0	K：59	K：0	K：0	K：0	K：0	K：27	K：0	K：0

4.4 符合人群定位的空间设计风格

商业空间的设计风格定位应适应不同的人群。例如高档的餐厅、商铺应多使用奶咖色、白色、深色等，以增强距离感与华贵感；而娱乐区、休闲区等可以选用丰富、绚丽、饱满的色彩来增强活泼感，以便吸引年轻人以及儿童的关注。

色彩调性：简约、神秘、沉静、典雅、活泼、浪漫。

常用主题色：

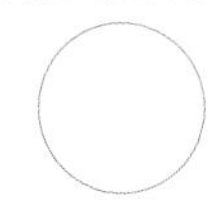
CMYK：0,0,0,0

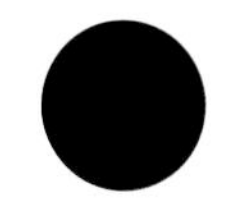
CMYK：88,84,84,74

CMYK：85,80,45,9

CMYK：66,0,30,0

CMYK：6,4,58,0

CMYK：1,68,6,0

常用色彩搭配

CMYK：0,0,0,0
CMYK：6,4,58,0

白色与月光黄搭配，可以营造明快、活泼的空间氛围。

CMYK：88,84,84,74
CMYK：85,80,45,9

低明度的黑色与午夜蓝搭配，可以营造出昏暗、神秘、尊贵的空间氛围。

CMYK：66,0,30,0
CMYK：41,31,0,0

青色与幼蓝色搭配形成冷色调，给人清凉、端庄的感觉。

CMYK：1,68,6,0
CMYK：16,14,66,0

暗黄色与粉色搭配，可以增加空间的明度，给人明快、亮丽的感觉。

配色速查

清新

CMYK：61,5,33,0
CMYK：25,27,26,0
CMYK：0,0,0,0

庄重

CMYK：77,71,68,35
CMYK：0,0,0,0
CMYK：53,78,100,25

昏暗

CMYK：100,100,40,0
CMYK：88,84,84,74
CMYK：12,9,9,0

阳光

CMYK：12,0,68,0
CMYK：6,55,80,0
CMYK：18,0,42,0

木质天花板与桌椅以及墙面的设计，呈现出复古、天然的工业设计风格，使酒吧更显不羁、个性，可以赢得年轻消费者的喜爱。

CMYK：3,2,2,0
CMYK：27,13,12,0
CMYK：75,37,26,0
CMYK：28,60,74,0

色彩点评

- 棕色与灰色搭配打造出工业风格，给人天然、原始、自然的感觉。
- 红色鲜花与绿叶的装饰，使空间更显鲜活。

推荐色彩搭配

C：9	C：90	C：85
M：6	M：71	M：76
Y：7	Y：51	Y：73
K：0	K：13	K：53

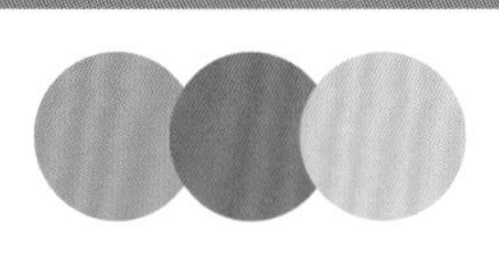

C：34	C：34	C：34
M：34	M：57	M：15
Y：44	Y：79	Y：11
K：0	K：0	K：0

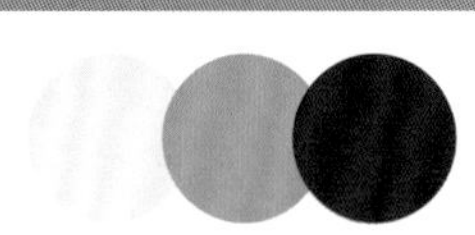

C：6	C：24	C：90
M：4	M：41	M：78
Y：6	Y：54	Y：65
K：0	K：0	K：42

该黑白极简风格的面包店与暖色的灯光使空间充满温馨、和谐的气息，极易获得年轻消费者的关注。

CMYK：0,2,4,0
CMYK：76,69,66,29
CMYK：19,33,57,0

色彩点评

- 黑白亮色作为主色，呈现出极简、现代的视觉效果。
- 暖黄色的灯光为顾客带来温馨、安心的消费体验，增强了消费者的信任感。

推荐色彩搭配

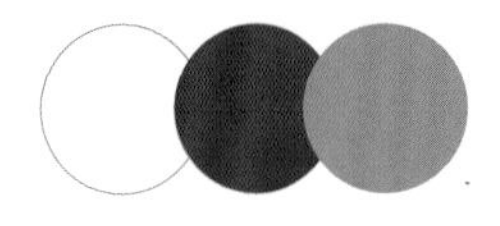

C：1	C：75	C：24
M：1	M：68	M：46
Y：1	Y：65	Y：70
K：0	K：27	K：0

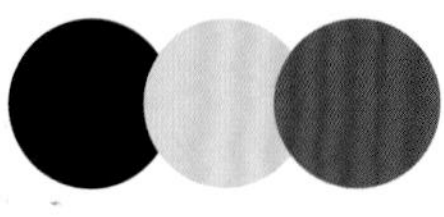

C：93	C：17	C：52
M：88	M：16	M：70
Y：89	Y：16	Y：100
K：80	K：0	K：17

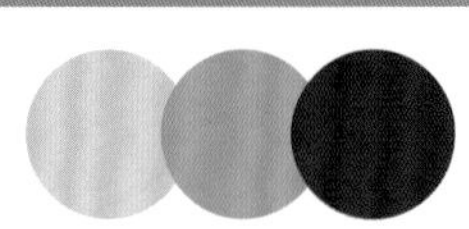

C：9	C：41	C：79
M：20	M：33	M：73
Y：32	Y：33	Y：71
K：0	K：0	K：43

玻璃展示架在灯光照射下呈现出晶莹剔透、流光溢彩的视觉效果，更显华贵、梦幻，提升了专卖店的档次与格调。

CMYK：0,0,0,0
CMYK：19,27,42,0

色彩点评

- 灰驼色作为专卖店的主色调，给人温柔、淡雅的印象。
- 无色、剔透的展示架营造出梦幻、唯美的视觉效果。

推荐色彩搭配

C：24	C：83	C：67
M：24	M：78	M：96
Y：31	Y：71	Y：32
K：0	K：51	K：0

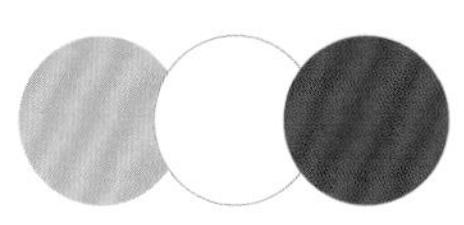

C：19	C：0	C：64
M：27	M：0	M：67
Y：42	Y：0	Y：71
K：0	K：0	K：21

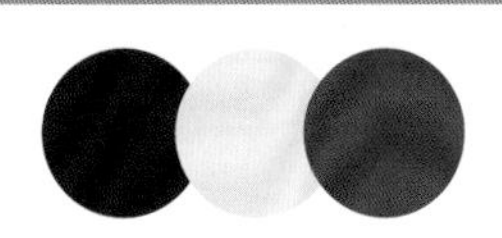

C：81	C：7	C：56
M：79	M：10	M：80
Y：81	Y：17	Y：70
K：63	K：0	K：21

鱼鳞状的花纹使昏暗的空间更显神秘、奇异，充满吸引力，且层次分明。

色彩点评

- 黑色作为空间主色，形成疏远、神秘、昏暗的视觉效果。
- 青绿色的鱼鳞状图案与红色灯笼形成鲜明的互补色对比，带来强烈的视觉冲击力。

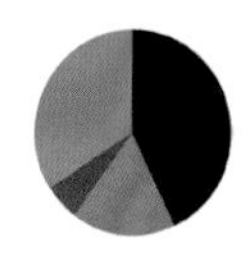

CMYK：93,88,89,80
CMYK：39,61,58,0
CMYK：6,98,81,0
CMYK：76,40,54,0

推荐色彩搭配

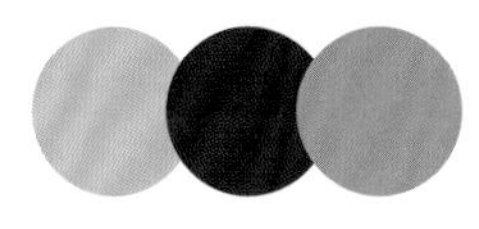

C：46	C：68	C：28
M：13	M：80	M：44
Y：31	Y：83	Y：55
K：0	K：55	K：0

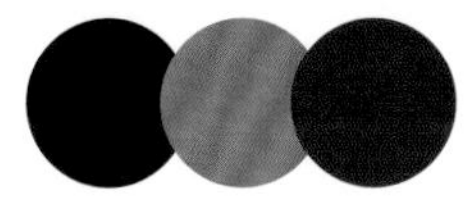

C：93	C：39	C：52
M：88	M：61	M：100
Y：89	Y：58	Y：100
K：80	K：0	K：36

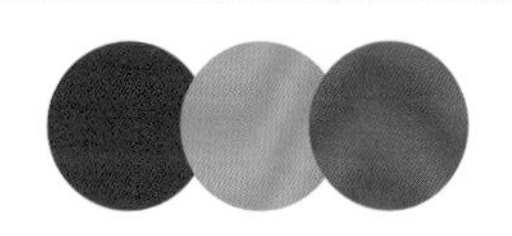

C：27	C：61	C：45
M：100	M：22	M：71
Y：98	Y：43	Y：68
K：0	K：0	K：4

4.5 突出城市地域文化

商业空间的设计不仅应体现产品与企业的优点，更要体现出其独特的地域风貌，包括民俗文化、当地特色、建筑地貌等不同的地域文化特征。在给消费者带来消费体验之余，令消费者领略当地特色，在精神上获得满足与享受。

色彩调性：柔和、浪漫、古典、喜庆、热烈、纯净。

常用主题色：

CMYK：0,0,0,0

CMYK：6,87,97,0

CMYK：86,67,49,8

CMYK：73,0,65,0

CMYK：13,16,54,0

CMYK：4,24,27,0

常用色彩搭配

CMYK：86,67,49,8
CMYK：76,35,0,0

深青色与蓝色搭配，可以营造庄重、冷静的空间氛围。

CMYK：73,0,65,0
CMYK：42,58,94,1

绿色与褐色搭配，能让人联想到自然、悠然的野外，充满自然韵味。

CMYK：4,24,27,0
CMYK：0,0,0,0

贝壳粉色与白色搭配，展现出浪漫、温柔的法式装修风格。

CMYK：18,24,75,0
CMYK：6,87,97,0

杏红色与金黄色搭配，给人热情、明媚、自由的感觉。

配色速查

休闲

CMYK：47,64,76,5
CMYK：0,0,0,0
CMYK：98,83,12,0

自然

CMYK：52,83,100,28
CMYK：84,52,100,19
CMYK：10,12,39,0

年轻

CMYK：2,97,98,0
CMYK：11,73,98,0
CMYK：60,0,35,0

温柔

CMYK：5,19,20,0
CMYK：4,5,5,0
CMYK：17,13,13,0

该酒店大堂规整有序的布局与明亮的灯光呈现出豪华、高档、热情的视觉效果，给消费者带来愉悦、惬意的体验。

色彩点评

- 红色、橘色、棕色等色彩的搭配形成暖色调，给人一种温暖、美味的感觉。
- 白色的灯光明亮、通透，使空间氛围更为鲜活。

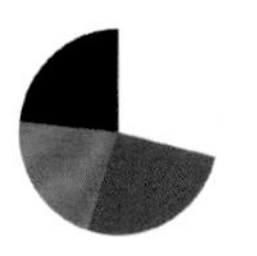

CMYK：0,0,0,0
CMYK：11,99,95,0
CMYK：2,82,96,0
CMYK：93,88,89,80

推荐色彩搭配

C：32	C：11	C：49
M：45	M：99	M：85
Y：77	Y：95	Y：100
K：0	K：0	K：21

C：2	C：21	C：51
M：82	M：25	M：100
Y：96	Y：28	Y：100
K：0	K：0	K：32

C：93	C：19	C：27
M：88	M：98	M：83
Y：89	Y：100	Y：96
K：80	K：0	K：0

该餐厅的墙面、天花板、吊灯等多种布置体现出一种英伦风格，给人以休闲、轻松、雅致的感觉，并让人联想到海风的清凉。

色彩点评

- 白色作为餐厅主色，使整个空间极为明亮、整洁。
- 青蓝色、棕色、深蓝色等色彩的搭配，凸显英伦风。

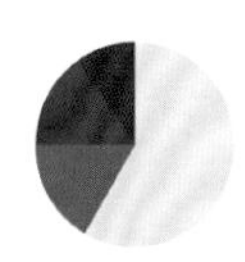

CMYK：6,12,17,0
CMYK：90,59,44,2
CMYK：88,84,42,6
CMYK：51,89,100,28

推荐色彩搭配

C：0	C：9	C：88
M：0	M：13	M：84
Y：0	Y：20	Y：42
K：0	K：0	K：6

C：90	C：6	C：57
M：59	M：12	M：83
Y：44	Y：17	Y：100
K：2	K：0	K：43

C：96	C：21	C：75
M：74	M：22	M：58
Y：58	Y：19	Y：100
K：24	K：0	K：26

这是一家位于亚马逊的咖啡厅设计，苍翠的绿植与暖色灯光带来热情、鲜活、自由的视觉效果，凸显出热带独有的自然风光。

色彩点评

- 暖黄色的灯光与棕色的实木地面给人复古、天然的感觉。
- 绿色植物的装点，与天然、温馨的棕色搭配，更显清新、自然，充满热带地区的鲜活色彩。

CMYK：24,64,76,0
CMYK：31,4,89,0
CMYK：75,5,74,0

推荐色彩搭配

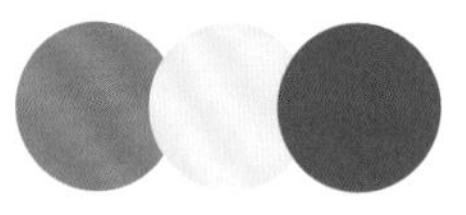

C：21	C：4	C：89
M：59	M：5	M：51
Y：78	Y：15	Y：80
K：0	K：0	K：14

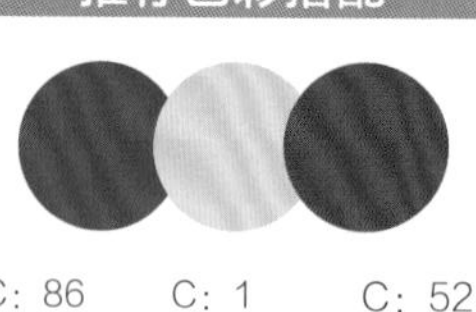

C：86	C：1	C：52
M：62	M：22	M：71
Y：48	Y：40	Y：82
K：5	K：0	K：14

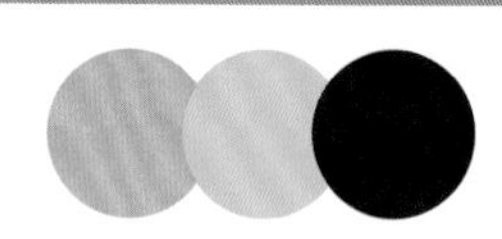

C：4	C：31	C：87
M：36	M：4	M：84
Y：63	Y：89	Y：71
K：0	K：0	K：58

该餐厅中的绿植、水果以及吊椅等设置，展现出浪漫、个性的色彩，可使消费者感受到浓郁的民俗与自由的气息，给人放松、惬意的感觉。

色彩点评

- 吊椅采用红色、蓝色、青色、黄色等多种绚丽色彩，形成丰富、华丽的视觉效果。
- 绿植的摆放使空间充满自然的生命气息。

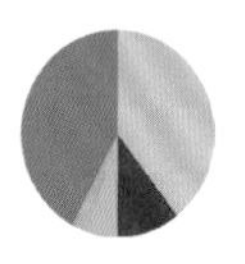

CMYK：17,23,58,0
CMYK：0,96,92,0
CMYK：67,0,33,0
CMYK：1,38,89,0
CMYK：59,50,47,0

推荐色彩搭配

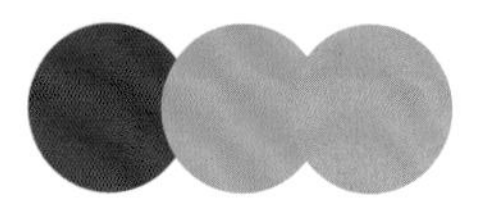

C：68	C：25	C：5
M：66	M：36	M：43
Y：100	Y：62	Y：92
K：35	K：0	K：0

C：68	C：32	C：57
M：19	M：100	M：51
Y：33	Y：100	Y：50
K：0	K：1	K：0

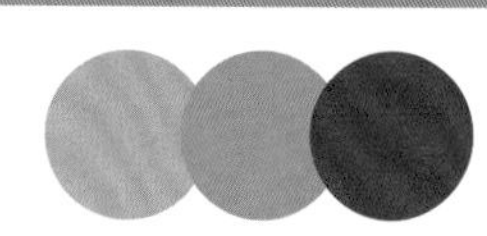

C：6	C：28	C：6
M：38	M：48	M：95
Y：85	Y：3	Y：97
K：0	K：0	K：0

4.6 包容开放的创新

大胆、创意、新颖的内部空间设计作品具有极强的吸引力。只有大胆用色、造型吸睛的空间设计作品，才能更好地打动消费者，最终获得忠实的消费者群体。

色彩调性：灵动、清新、梦幻、典雅、浪漫。

常用主题色：

CMYK：0,0,0,0

CMYK：38,0,39,0

CMYK：2,29,4,0

CMYK：28,18,0,0

CMYK：79,81,0,0

CMYK：58,49,46,0

常用色彩搭配

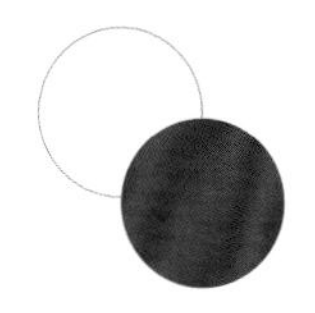
CMYK：0,0,0,0
CMYK：79,81,0,0

白色与紫色搭配，给人灵动、浪漫的感觉。

CMYK：38,0,39,0
CMYK：0,0,0,0

白色与淡绿色搭配，可使空间更显清新、清爽。

CMYK：2,29,4,0
CMYK：28,18,0,0

淡粉色与浅紫色搭配，色彩柔和、清浅，给人唯美、朦胧、梦幻的感觉。

CMYK：58,49,46,0
CMYK：9,97,60,0

深灰色与红色形成鲜明的明度对比，极具视觉冲击力。

配色速查

优雅

CMYK：34,5,12,0
CMYK：3,36,22,0
CMYK：71,68,27,0

鲜活

CMYK：4,42,91,0
CMYK：70,12,4,0
CMYK：3,5,11,0

绮丽

CMYK：87,85,84,75
CMYK：16,83,94,0
CMYK：54,25,98,0

娇美

CMYK：22,96,44,0
CMYK：9,1,28,0
CMYK：47,56,0,0

电梯与商品展示墙结合的设计方式可以获得与众不同的视觉效果，使消费者耳目一新，使商场更具辨识性与吸引力。

色彩点评

- 米色的使用营造出温馨、淡雅的店铺风格。
- 白色廊柱与墙体呈现出纯净、整洁、简约的视觉效果。

CMYK：1,0,0,0
CMYK：29,38,63,0

推荐色彩搭配

C：20	C：74	C：58
M：23	M：72	M：67
Y：34	Y：75	Y：92
K：0	K：42	K：22

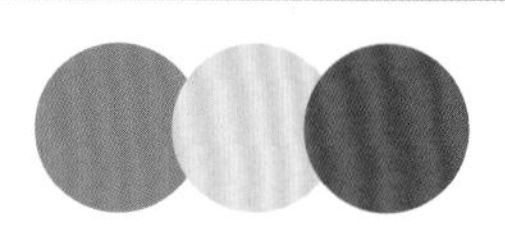

C：42	C：3	C：38
M：44	M：19	M：67
Y：53	Y：22	Y：100
K：0	K：0	K：1

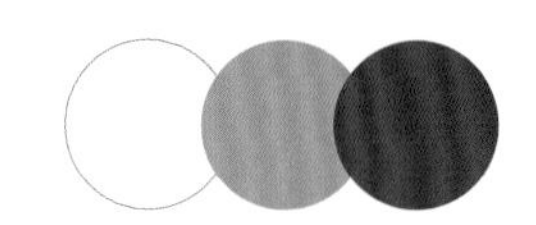

C：1	C：29	C：76
M：0	M：38	M：79
Y：0	Y：63	Y：25
K：0	K：0	K：0

该餐厅的吧台处呈现出火焰燃烧的视觉效果，结合墙面的植物，增强了画面的冲突感与灼热感，构思大胆、新鲜、独具特色。

色彩点评

- 灰色与黑色搭配使空间背景色彩较为低沉、黯淡，充满压迫感和神秘的气息。
- 红色灯光与绿植形成强烈对比，极具视觉冲击力。

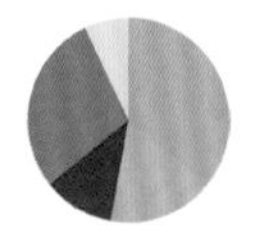

CMYK：39,31,29,0
CMYK：25,32,52,0
CMYK：11,98,100,0
CMYK：67,45,100,4
CMYK：11,5,86,0

推荐色彩搭配

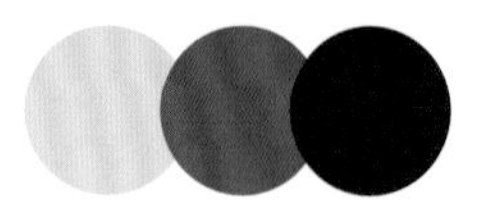

C：14	C：65	C：55
M：6	M：62	M：100
Y：70	Y：56	Y：100
K：0	K：7	K：46

C：40	C：82	C：34
M：4	M：70	M：100
Y：85	Y：100	Y：100
K：0	K：58	K：1

C：56	C：26	C：11
M：53	M：51	M：98
Y：56	Y：76	Y：100
K：1	K：0	K：0

盛开的樱花树与洁净的咖啡店，带来一尘不染、清新、温柔的视觉效果，给顾客带来浪漫、淡雅的感觉。

色彩点评

- 白色作为咖啡店主色，营造出梦幻、纯净的空间氛围。
- 粉色的大量使用，为画面增添了甜蜜、浪漫、淡雅的气息。

CMYK：1,0,0,0
CMYK：62,52,50,0
CMYK：5,32,23,0
CMYK：1,17,0,0

推荐色彩搭配

C：1
M：0
Y：0
K：0

C：15
M：42
Y：18
K：0

C：60
M：59
Y：42
K：0

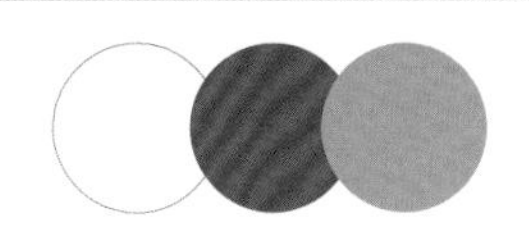

C：1
M：0
Y：0
K：0

C：42
M：69
Y：96
K：4

C：7
M：49
Y：28
K：0

C：73
M：65
Y：65
K：21

C：5
M：32
Y：23
K：0

C：4
M：11
Y：19
K：0

抽象的墙纸图案与洁净的空间似乎有些格格不入，但两者形成的强烈对比可以更好地增强吸引力，加深冰激凌店在消费者心目中的印象。

色彩点评

- 冰激凌店以白色作为主色，色彩明亮、干净，给人一尘不染、简约、清爽的感觉，符合店铺的主题。
- 青色作为辅助色，形成冷色调搭配，呈现出清新、雅致、清凉的视觉效果。

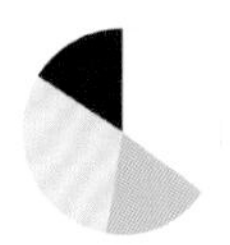

CMYK：2,0,3,0
CMYK：56,0,22,0
CMYK：13,9,14,0
CMYK：85,82,74,60

推荐色彩搭配

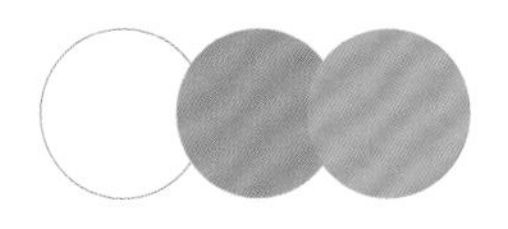

C：2
M：0
Y：3
K：0

C：40
M：32
Y：29
K：0

C：56
M：13
Y：98
K：0

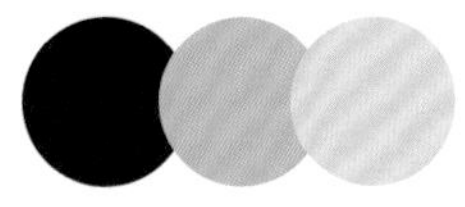

C：96
M：81
Y：69
K：52

C：58
M：5
Y：29
K：0

C：16
M：13
Y：19
K：0

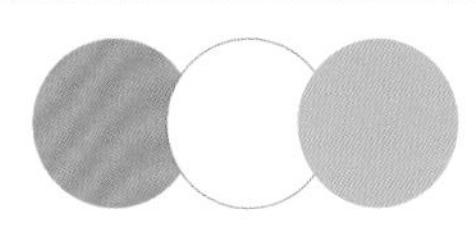

C：45
M：27
Y：25
K：0

C：2
M：0
Y：3
K：0

C：59
M：0
Y：36
K：0

5

第5章

商业空间设计中的照明

商业空间设计中的照明不仅要考虑如何获得基础照明的功能，还需要营造出适合展示陈列及布局效果的环境，最终达到陈列与展示的目的。其主要包括三个方面，即照明的主次、照明的功能以及常见的灯光类型。

其特点如下所述。

- 主次分明，凸显主题。
- 色彩对比鲜明，视觉冲击力较强。
- 浓厚的艺术性与创意感。
- 功能与环境匹配。

5.1 照明的主次

商业空间所有展示区域的灯光照明都要主次分明，并通过主光、辅助光以及点缀光的不同强度营造光影效果，增强空间照明的节奏感与秩序感。

5.1.1 主光

色彩调性： 沉静、舒适、简约、稳重、纯净、明亮。

常用主题色：

CMYK：0,0,0,0

CMYK：9,13,67,0

CMYK：7,38,68,0

CMYK：19,15,14,0

CMYK：36,20,3,0

CMYK：9,22,25,0

常用色彩搭配

CMYK：0,0,0,0
CMYK：32,92,60,0

白色灯光将山茶红衬托得极为明亮、娇艳，作为服装店色彩，极具吸引力。

CMYK：7,38,68,0
CMYK：32,28,28,0

万寿菊黄与灰色搭配，营造出内敛、高端、奢华的视觉效果。

CMYK：36,20,3,0
CMYK：8,23,16,0

淡蓝色与淡粉色搭配，整个空间色彩较为柔和，给人温柔、甜美的感觉。

CMYK：9,13,67,0
CMYK：10,8,8,0

银白色灯光与奶黄色空间搭配，呈现出明快、欢乐的视觉效果。

配色速查

休闲

CMYK：0,5,0,0
CMYK：49,97,86,22
CMYK：73,57,43,1

饱满

CMYK：6,4,4,0
CMYK：41,67,88,3
CMYK：83,64,2,0

淡雅

CMYK：11,22,27,0
CMYK：5,5,7,0
CMYK：60,66,17,0

悠然

CMYK：9,7,36,0
CMYK：32,14,57,0
CMYK：57,51,50,0

该会议室采用统一的白色灯光，突出严肃、正式的特点，给人一种肃穆、郑重的感觉。

色彩点评

- 办公室内部设计采用白色灯光，呈现出整洁、一尘不染的视觉效果。
- 红色地毯色彩饱满、鲜艳，极具视觉冲击力。

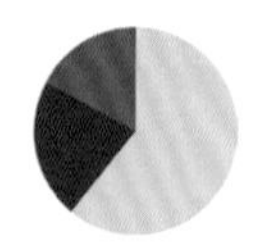

CMYK：24,20,16,0
CMYK：41,100,86,6
CMYK：50,71,83,12

推荐色彩搭配

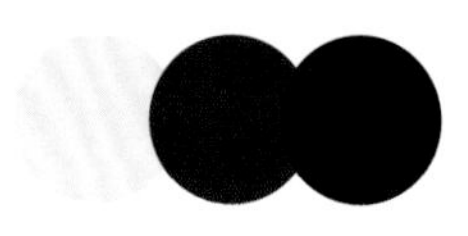

C：9	C：52	C：79
M：5	M：100	M：92
Y：4	Y：100	Y：86
K：0	K：36	K：74

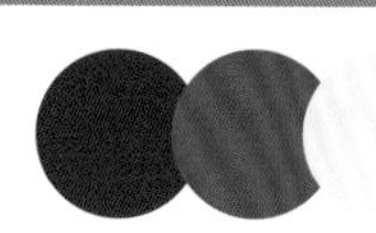

C：34	C：68	C：6
M：100	M：60	M：4
Y：72	Y：57	Y：4
K：1	K：8	K：0

C：55	C：5	C：39
M：93	M：4	M：30
Y：100	Y：2	Y：30
K：44	K：0	K：0

该服装店将主色与产品展示灯光相结合，既展现出空间的整洁、干净，又使消费者能够全面地挑选商品。

色彩点评

- 浅棕色作为空间主色，在白色灯光的照射下更显明亮，形成温馨、亲切的环境氛围。
- 淡紫色作为空间辅助色，可给人留下浪漫、淡雅的视觉印象。

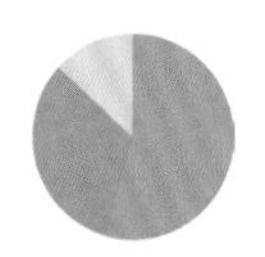

CMYK：24,43,49,0
CMYK：26,50,3,0
CMYK：20,17,9,0

推荐色彩搭配

C：14	C：21	C：66
M：25	M：15	M：71
Y：30	Y：9	Y：26
K：0	K：0	K：0

C：56	C：7	C：4
M：78	M：16	M：36
Y：92	Y：17	Y：6
K：31	K：0	K：0

C：12	C：31	C：19
M：21	M：48	M：8
Y：26	Y：47	Y：0
K：0	K：0	K：0

5.1.2 辅助光

色彩调性：温馨、淡雅、含蓄、自然、温厚、清新。

常用主题色：

CMYK：10,7,24,0

CMYK：17,57,83,0

CMYK：10,34,91,0

CMYK：70,16,15,0

CMYK：74,7,63,0

CMYK：16,12,12,0

常用色彩搭配

CMYK：10,7,24,0
CMYK：14,19,91,0

象牙白与亮黄色形成层次对比，可获得丰富、温暖、明媚的视觉效果。

CMYK：17,57,83,0
CMYK：18,16,23,0

深橘色与白橡色的搭配，使整个空间呈现出明媚、鲜活的视觉效果。

CMYK：70,16,15,0
CMYK：11,18,20,0

奶檬色与蔚蓝色搭配，营造出浪漫、淡雅的空间气氛。

CMYK：74,7,63,0
CMYK：14,9,49,0

翠绿色与月亮黄色搭配，可给人留下欢乐、纯真、生动的视觉印象。

配色速查

素雅

CMYK：0,0,0,0
CMYK：32,21,30,0
CMYK：13,22,30,0

盎然

CMYK：44,7,80,0
CMYK：0,0,0,0
CMYK：67,59,57,7

稳重

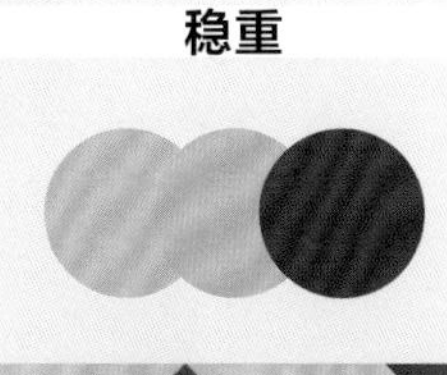

CMYK：27,21,16,0
CMYK：14,27,51,0
CMYK：52,74,95,21

理智

CMYK：9,9,21,0
CMYK：87,71,33,0
CMYK：87,83,89,75

该咖啡馆以绿植与镜子为主要设计元素，以灯光作为辅助光，为画面增添了温馨、明快的气息，使空间气氛更加轻松、平和。

色彩点评

- 淡灰色作为空间整体的主色调，给人简约、温和、安静的感觉。
- 绿植的摆放使空间洋溢着自然与生命的气息，给人温馨、安宁之感。

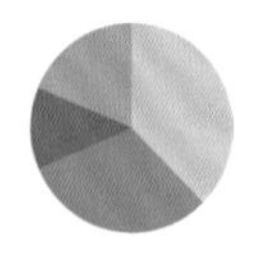

CMYK：33,24,20,0
CMYK：62,48,37,0
CMYK：78,50,80,10
CMYK：34,45,53,0

推荐色彩搭配

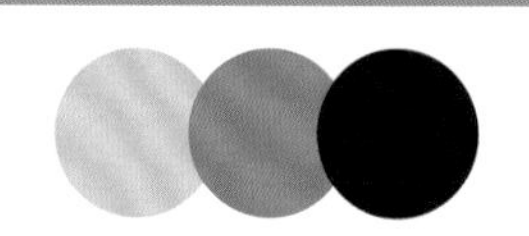

C：19 M：20 Y：20 K：0
C：70 M：33 Y：67 K：0
C：86 M：82 Y：84 K：71

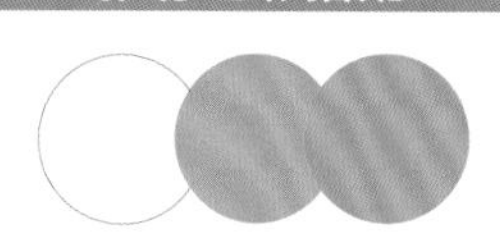

C：0 M：0 Y：0 K：0
C：23 M：34 Y：41 K：0
C：55 M：19 Y：80 K：0

C：71 M：62 Y：58 K：10
C：29 M：36 Y：41 K：0
C：49 M：97 Y：100 K：27

该写字楼中的一间办公室设计，将室内的灯光作为辅助光源，与自然光协调搭配，营造出安静、惬意的环境氛围。

色彩点评

- 黑色与棕色的大面积运用，营造出深沉、肃穆的空间氛围。
- 暖色照明的设置，增添了温暖的气息，可以更好地烘托环境气氛。

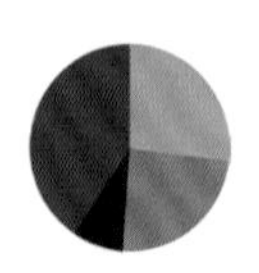

CMYK：42,43,48,0
CMYK：34,65,77,0
CMYK：88,82,80,69
CMYK：78,72,75,46

推荐色彩搭配

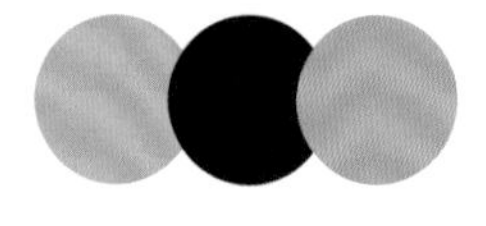

C：17 M：31 Y：51 K：0
C：89 M：86 Y：80 K：71
C：60 M：11 Y：61 K：0

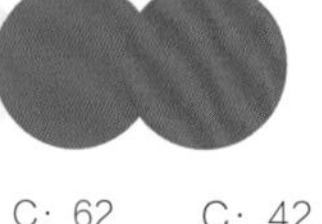

C：6 M：4 Y：4 K：0
C：62 M：55 Y：55 K：2
C：42 M：62 Y：81 K：2

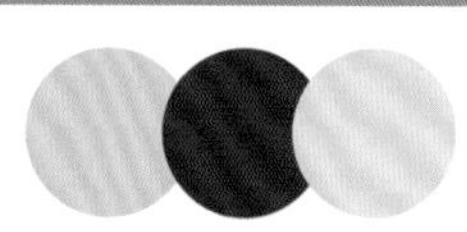

C：24 M：16 Y：17 K：0
C：68 M：73 Y：83 K：45
C：12 M：12 Y：26 K：0

5.1.3 点缀光

色彩调性：热情、鲜活、亮眼、浪漫、轻快、灵动。

常用主题色：

CMYK：10,74,94,0

CMYK：7,91,96,0

CMYK：46,52,0,0

CMYK：76,42,0,0

CMYK：17,16,55,0

CMYK：45,8,22,0

常用色彩搭配

CMYK：22,62,68,0
CMYK：82,68,52,11

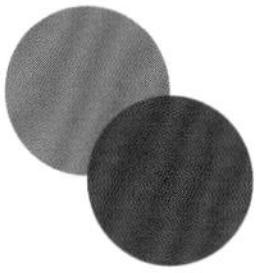

墨蓝色与琥珀色形成冷暖对比，强化了空间的视觉刺激性。

CMYK：47,100,100,18
CMYK：16,33,41,0

深红色与浅棕色形成暖色调搭配，给人温暖、成熟、大气的感觉。

CMYK：46,52,0,0
CMYK：4,1,20,0

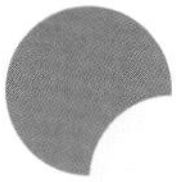

紫色与暖黄色搭配，获得了柔和、淡雅、浪漫的视觉效果。

CMYK：45,8,22,0
CMYK：12,9,19,0

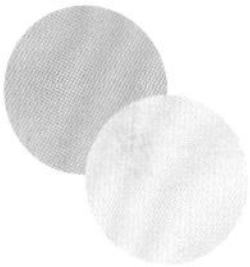

青色与乳黄色搭配，塑造出典雅、温和、沉静的空间风格。

配色速查

蓬勃

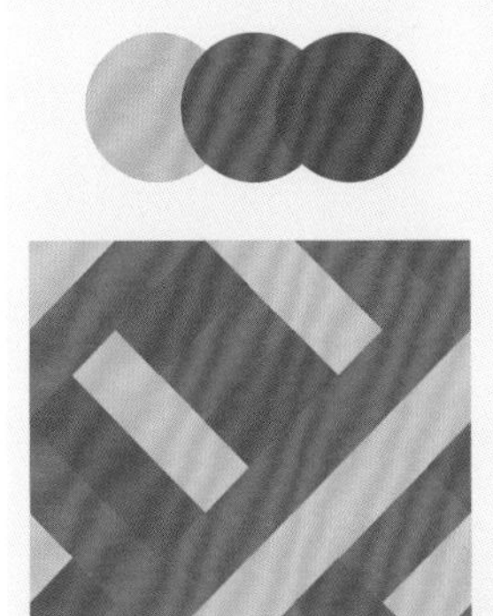
CMYK：27,24,24,0
CMYK：17,76,91,0
CMYK：46,67,93,7

鲜活

CMYK：9,19,89,0
CMYK：0,0,0,0
CMYK：64,14,42,0

沉寂

CMYK：14,35,78,0
CMYK：52,63,66,5
CMYK：16,12,12,0

复古

CMYK：81,74,72,46
CMYK：19,33,45,0
CMYK：23,90,100,0

将吊灯作为该餐厅的点缀光源，用以装饰昏暗的空间，更凸显出餐厅绮丽、神秘、时尚的装修风格。

色彩点评

- 洋红色的大面积应用，使空间呈现出热情、绚丽的视觉效果。
- 黑色营造出神秘、深沉的气氛，使整个空间弥漫着独特、奇异的气息。

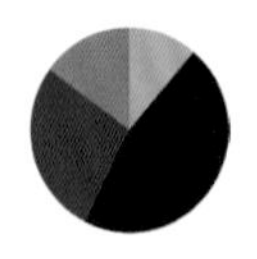

CMYK：53,32,11,0
CMYK：89,86,80,71
CMYK：49,100,59,7
CMYK：38,59,89,0

推荐色彩搭配

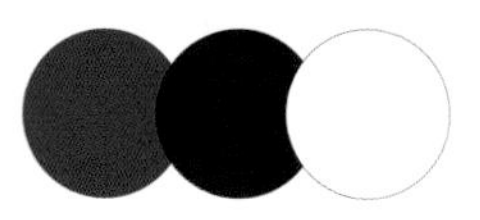

C：47	C：82	C：0
M：100	M：85	M：0
Y：80	Y：86	Y：0
K：15	K：73	K：0

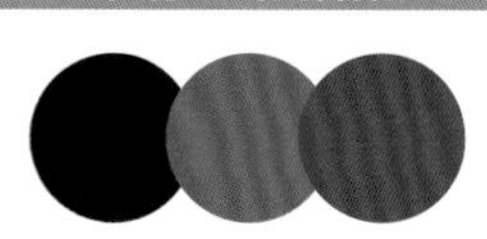

C：90	C：42	C：33
M：87	M：64	M：91
Y：80	Y：89	Y：21
K：73	K：3	K：0

C：33	C：3	C：70
M：56	M：0	M：96
Y：86	Y：22	Y：72
K：0	K：0	K：58

该面包店以产品展示灯光作为点缀光，为明亮的室内增添了暖意，更显食物的美味与可口，给人享受、温馨的感觉。

色彩点评

- 白色作为甜品店主色，给人洁净、淡雅的感觉。
- 暖黄色的灯光营造出温馨的气氛，使产品更显美味。

CMYK：9,7,6,0
CMYK：10,31,53,0
CMYK：52,89,100,32
CMYK：56,32,54,0
CMYK：89,83,80,69

推荐色彩搭配

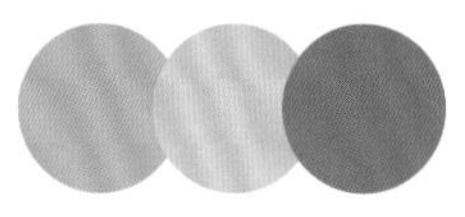

C：34	C：6	C：50
M：28	M：26	M：55
Y：24	Y：45	Y：51
K：0	K：0	K：0

C：47	C：4	C：19
M：28	M：13	M：10
Y：41	Y：56	Y：8
K：0	K：0	K：0

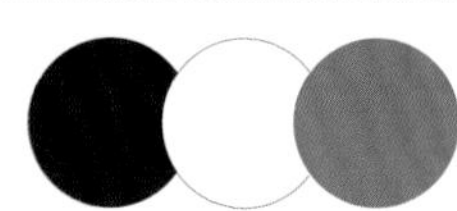

C：84	C：0	C：38
M：80	M：0	M：55
Y：78	Y：0	Y：70
K：64	K：0	K：0

5.2 照明的功能

商业空间的照明设计首先应满足空间基础照明的需求，照亮整体空间或局部区域，这是其最基本的功能。除此之外，照明与自然光线也会影响或决定环境氛围、空间主题与风格等。

5.2.1 空间照明

色彩调性：明亮、洁净、温和、清新、协调、自然。

常用主题色：

CMYK：0,0,0,0

CMYK：22,30,43,0

CMYK：11,11,17,0

CMYK：21,11,7,0

CMYK：37,9,4,0

CMYK：9,7,30,0

常用色彩搭配

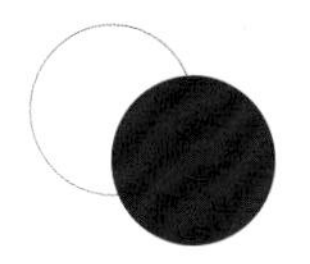
CMYK：0,0,0,0
CMYK：95,83,46,11

灵动的白色与深邃的午夜蓝搭配，构造出极简、商务的风格。

CMYK：22,30,43,0
CMYK：12,40,27,0

浅杏仁棕与热粉色搭配，营造出温馨、优美的商业空间。

CMYK：21,11,7,0
CMYK：79,73,66,36

浅灰蓝色与墨灰色搭配，给人以沉静、内敛、淡然的感觉。

CMYK：9,7,30,0
CMYK：73,62,100,34

茉莉色与墨绿色搭配，营造出温暖、柔和、自然的空间氛围。

配色速查

优雅

CMYK：0,5,3,0
CMYK：53,61,64,4
CMYK：20,72,64,0

神秘

CMYK：100,91,36,1
CMYK：5,2,18,0
CMYK：78,100,56,29

温馨

CMYK：0,0,0,0
CMYK：56,73,92,25
CMYK：37,23,11,0

朴素

CMYK：11,17,27,0
CMYK：16,45,62,0
CMYK：71,64,58,12

吊灯可将空间点亮，使其呈现出明亮、洁净的视觉效果，将糖果产品衬托得更加绚丽、吸睛。

色彩点评

- 白色灯光照亮空间，使空间产品更加清晰。
- 橙色灯光作为辅助光，将空间分割为不同区域，给人一种结构分明、清晰规整的感觉。

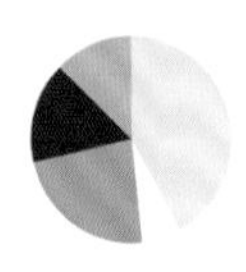

CMYK：16,12,17,0
CMYK：0,0,0,0
CMYK：43,46,47,0
CMYK：56,97,82,43
CMYK：8,48,51,0

推荐色彩搭配

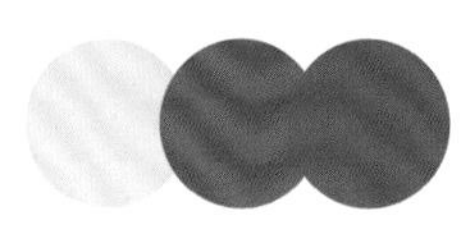

C：9 M：9 Y：13 K：0
C：44 M：72 Y：65 K：3
C：60 M：61 Y：67 K：10

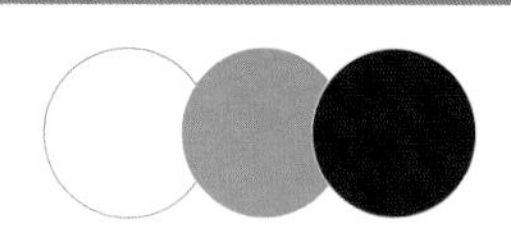

C：0 M：0 Y：0 K：0
C：13 M：51 Y：55 K：0
C：70 M：93 Y：67 K：49

C：38 M：100 Y：77 K：3
C：6 M：14 Y：13 K：0
C：26 M：30 Y：29 K：0

该咖啡厅采用藤编的吊灯作为照明工具，在照明的同时具有较强的装饰性，营造出温馨、安宁的空间氛围。

色彩点评

- 将浅棕黄色作为空间主色，整体呈暖色调，营造出温暖、宁静、自然的空间氛围。
- 将深蓝色作为辅助色，色彩深沉、浓郁，增强了空间的雅致感。

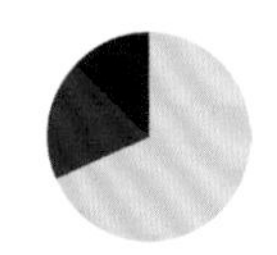

CMYK：12,22,29,0
CMYK：97,96,45,14
CMYK：80,83,86,70

推荐色彩搭配

C：16 M：26 Y：31 K：0
C：11 M：12 Y：11 K：0
C：74 M：74 Y：71 K：40

C：7 M：6 Y：12 K：0
C：48 M：72 Y：100 K：12
C：77 M：54 Y：92 K：19

C：36 M：83 Y：100 K：2
C：76 M：73 Y：64 K：30
C：26 M：21 Y：20 K：0

5.2.2 烘托氛围的照明

色彩调性： 温暖、低调、厚重、高雅、甜蜜、火热。

常用主题色：

CMYK：11,10,32,0

CMYK：41,48,46,0

CMYK：12,19,32,0

CMYK：42,12,9,0

CMYK：27,44,0,0

CMYK：34,100,100,1

常用色彩搭配

CMYK：11,10,32,0
CMYK：31,55,67,0

白茶色与棕色形成暖色调搭配，获得了温暖、厚重的视觉效果。

CMYK：42,12,9,0
CMYK：15,11,11,0

冰蓝色与亮灰色搭配，打造出简约、凉爽的空间效果。

CMYK：34,100,100,1
CMYK：10,28,55,0

绯红色与蜂蜜色搭配，使整个空间充满火热、明快的气息。

CMYK：27,44,0,0
CMYK：36,39,45,0

浅咖色与木槿紫色搭配，使空间更显浪漫、典雅。

配色速查

温暖

CMYK：2,33,79,0
CMYK：33,57,81,0
CMYK：55,73,89,23

瞩目

CMYK：58,82,0,0
CMYK：49,76,86,14
CMYK：17,14,19,0

宁静

CMYK：6,15,18,0
CMYK：83,44,36,0
CMYK：74,67,61,19

含蓄

CMYK：0,8,12,0
CMYK：89,85,87,76
CMYK：41,56,48,0

该餐厅中的灯光与整体色调形成鲜明的冷暖对比，暖色调的灯光使空间充满浪漫、温馨、幸福的气息。

色彩点评

- 将藏蓝色作为餐厅的主色，营造出深沉、复古的空间氛围。
- 紫色座椅与黄色灯光形成强烈对比，使空间更加绚丽、浪漫。

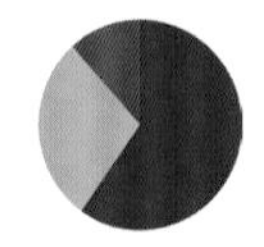

CMYK：94,78,55,23
CMYK：27,35,57,0
CMYK：41,89,17,0

推荐色彩搭配

C：64 M：40 Y：21 K：0
C：24 M：18 Y：17 K：0
C：60 M：81 Y：91 K：45

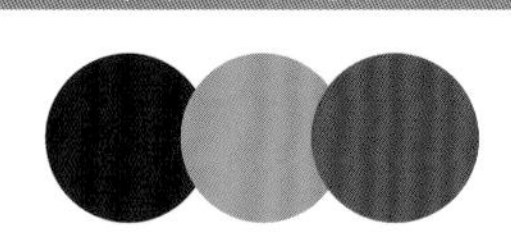

C：96 M：87 Y：62 K：43
C：25 M：36 Y：96 K：0
C：49 M：73 Y：77 K：11

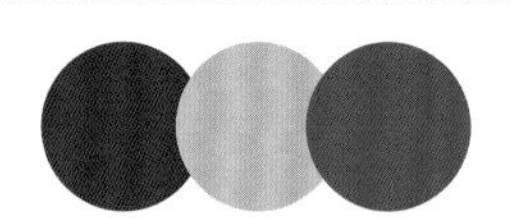

C：59 M：93 Y：46 K：5
C：13 M：28 Y：53 K：0
C：86 M：57 Y：46 K：2

座椅间的灯光照明为会客区增添了放松、舒适的色彩，使人们在交谈时更加放松、信赖，便于沟通与谈话。

色彩点评

- 深邃的暗灰色作为环境主色调，增强了谈话与会客的深度，更显正式与严肃。
- 暖色灯光给人以温暖的感觉，可以增强亲切感，拉近两者之间的距离。

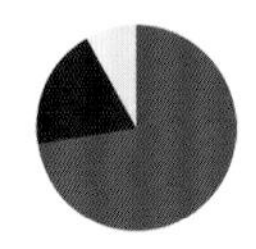

CMYK：75,66,61,18
CMYK：82,80,78,63
CMYK：5,10,26,0

推荐色彩搭配

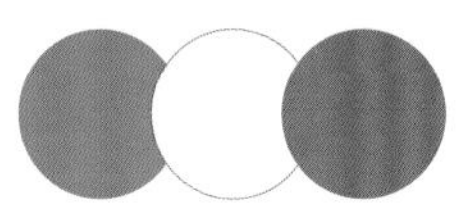

C：55 M：43 Y：38 K：0
C：0 M：0 Y：0 K：0
C：34 M：61 Y：80 K：0

C：38 M：29 Y：27 K：0
C：39 M：37 Y：41 K：0
C：39 M：15 Y：58 K：0

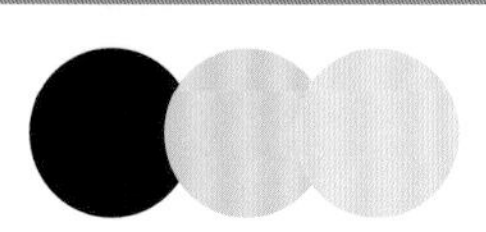

C：89 M：84 Y：85 K：75
C：14 M：14 Y：24 K：0
C：17 M：4 Y：29 K：0

5.2.3 空间艺术化照明

色彩调性： 鲜活、生机、含蓄、尊贵、成熟、清冷。

常用主题色：

CMYK：14,49,57,0

CMYK：18,7,32,0

CMYK：8,6,6,0

CMYK：19,30,93,0

CMYK：27,39,50,0

CMYK：42,30,7,0

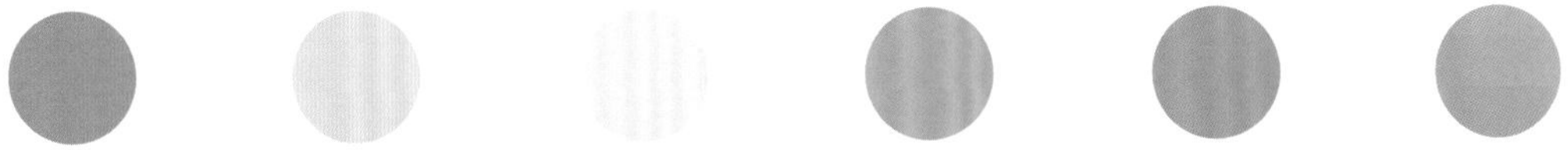

常用色彩搭配

CMYK：57,47,57,0
CMYK：9,5,9,0

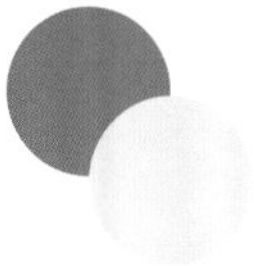

深灰绿与灰白色两种低饱和度色彩搭配，呈现出含蓄、古典的美感。

CMYK：52,19,40,0
CMYK：40,47,45,0

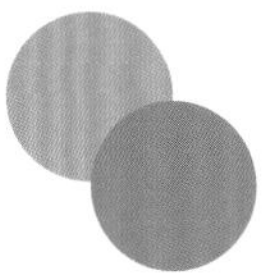

薄青色与褐色之间对比较为鲜明，强化了空间色彩的差异性。

CMYK：18,7,32,0
CMYK：11,54,68,0

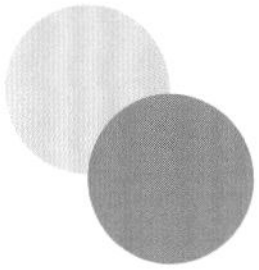

浅奶绿与粉橙色搭配，使整个空间充满丰富、浓郁、欢快的气息。

CMYK：42,30,7,0
CMYK：16,18,22,0

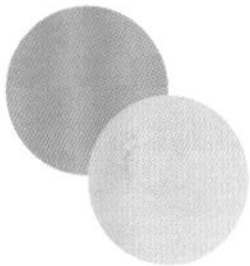

幼蓝色与灰色搭配，形成温和、淡雅、富含意境的视觉效果。

配色速查

朴素

CMYK：10,3,7,0
CMYK：26,19,61,0
CMYK：50,22,37,0

轻快

CMYK：18,12,10,0
CMYK：30,45,54,0
CMYK：8,10,18,0

大气

CMYK：15,14,31,0
CMYK：85,68,59,22
CMYK：36,47,56,0

古典

CMYK：76,60,39,0
CMYK：16,22,38,0
CMYK：57,90,93,47

该甜品店天花板处的灯光设计与墙面的立体装饰相结合，打造出闪烁、炫目的光影效果，给人唯美、高雅的感觉。

CMYK：26,17,12,0
CMYK：82,80,83,68
CMYK：17,24,30,0

色彩点评

- 暖色调的灯光照亮简单的黑白空间，营造出幸福、惬意的空间氛围。
- 白色明度较高，可以获得鲜明与洁净的视觉效果。

推荐色彩搭配

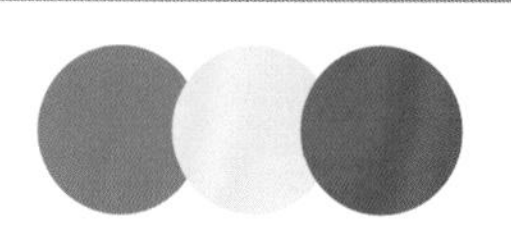

C：47	C：12	C：65
M：52	M：7	M：61
Y：52	Y：7	Y：49
K：0	K：0	K：2

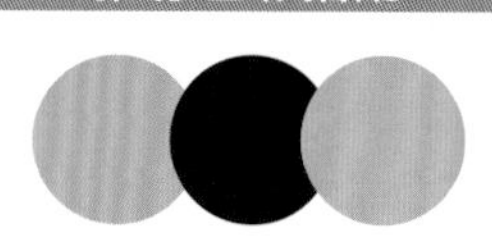

C：25	C：84	C：3
M：30	M：82	M：41
Y：41	Y：85	Y：42
K：0	K：72	K：0

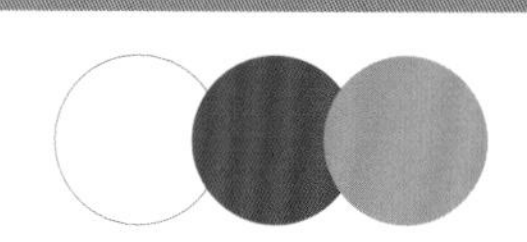

C：0	C：70	C：18
M：0	M：62	M：42
Y：0	Y：59	Y：73
K：0	K：10	K：0

该酒吧吧台底座的灯光营造出晶莹剔透的视觉效果，仿佛从内向外散发出光芒，充满梦幻、神秘的气息。

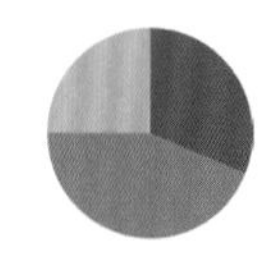

CMYK：71,62,61,13
CMYK：40,58,61,0
CMYK：21,37,43,0
CMYK：37,26,62,0

色彩点评

- 吧台底座的白色灯光将棕色衬托得极为耀眼、华贵。
- 深灰色搭配棕色，呈现出富丽、尊贵、高端的视觉效果。

推荐色彩搭配

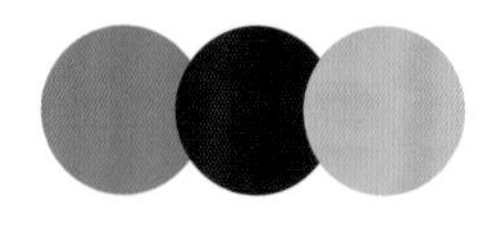

C：41	C：79	C：30
M：54	M：77	M：22
Y：54	Y：76	Y：58
K：0	K：55	K：0

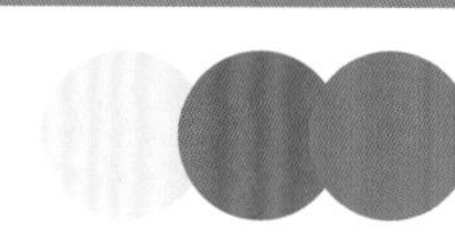

C：4	C：27	C：56
M：7	M：63	M：45
Y：5	Y：86	Y：47
K：0	K：0	K：0

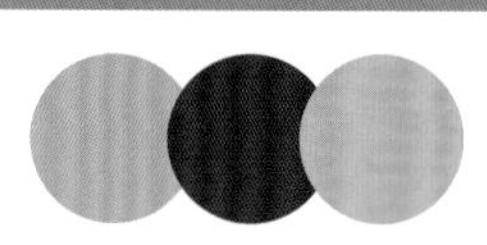

C：34	C：59	C：1
M：27	M：78	M：41
Y：24	Y：100	Y：75
K：0	K：39	K：0

5.2.4 空间主题化照明

色彩调性：雅致、理性、均衡、明媚、轻柔、明快。

常用主题色：

CMYK：29,32,27,0

CMYK：66,35,10,0

CMYK：7,5,16,0

CMYK：11,10,50,0

CMYK：33,5,45,0

CMYK：13,50,67,0

常用色彩搭配

CMYK：29,32,27,0
CMYK：68,59,58,7

灰褐色与烟灰色形成色彩的明度对比，丰富了空间的色彩层次感。

CMYK：32,13,12,0
CMYK：56,73,84,25

月白色与深褐色形成冷暖层次对比，极具视觉冲击力。

CMYK：11,10,50,0
CMYK：33,13,27,0

奶黄色与艾绿色两种轻快色彩的搭配，具有较强的视觉吸引力。

CMYK：14,58,63,0
CMYK：73,35,49,0

青竹色与太阳橙色对比分明，色彩饱满，给人留下奇异、独特、个性的印象。

配色速查

平和

CMYK：15,24,35,0
CMYK：68,49,100,7
CMYK：35,55,89,0

幽暗

CMYK：6,4,12,0
CMYK：50,84,94,23
CMYK：69,80,94,60

简约

CMYK：12,9,12,0
CMYK：84,80,86,70
CMYK：71,39,53,0

静寂

CMYK：11,19,24,0
CMYK：77,62,49,5
CMYK：54,76,76,19

灯饰以成群的飞鸟造型对该空间加以装点，使接待区空间布置呈现出华丽、富丽堂皇的视觉效果。

色彩点评

- 深棕色与褐色等低明度色彩搭配，使整个空间极为高端、大气。
- 米色给人温柔、舒适的感觉，缓和了整个空间庄重的气氛。

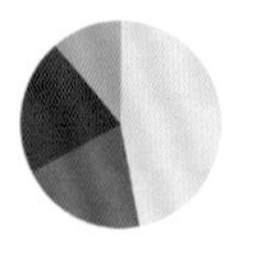

CMYK：13,16,23,0
CMYK：42,72,93,4
CMYK：69,73,80,44
CMYK：63,27,19,0

推荐色彩搭配

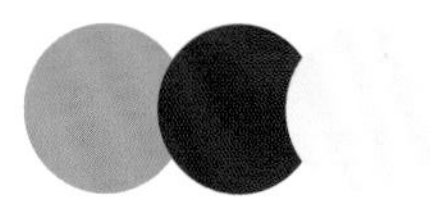

C：20	C：75	C：8
M：42	M：73	M：4
Y：45	Y：77	Y：3
K：0	K：47	K：0

C：26	C：89	C：62
M：23	M：69	M：84
Y：25	Y：68	Y：88
K：0	K：36	K：50

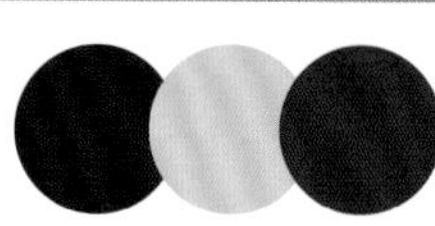

C：83	C：17	C：50
M：78	M：21	M：94
Y：76	Y：22	Y：100
K：59	K：0	K：27

标志外围的灯光设置突出该餐厅的主题，提升了装修设计作品的内涵与格调，给人留下优雅、时尚的印象。

色彩点评

- 冷色调的青蓝色赋予空间优雅、清冷的特性，形成高雅、大气的风格。
- 木质地板与青蓝色形成冷暖对比，强化了色彩的视觉刺激性。

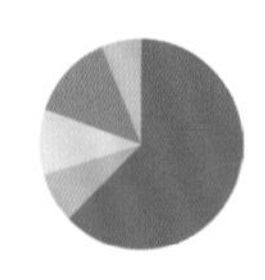

CMYK：87,53,46,1
CMYK：55,25,17,0
CMYK：18,19,22,0
CMYK：42,54,61,0
CMYK：27,27,77,0

推荐色彩搭配

C：85	C：25	C：85
M：47	M：26	M：70
Y：31	Y：53	Y：62
K：0	K：0	K：27

C：89	C：56	C：1
M：76	M：22	M：13
Y：71	Y：65	Y：34
K：51	K：0	K：0

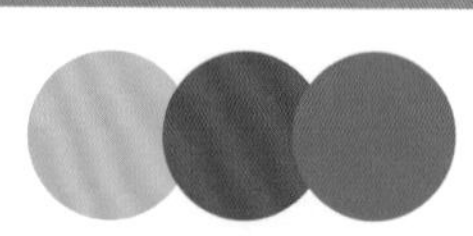

C：24	C：57	C：72
M：20	M：65	M：51
Y：86	Y：68	Y：38
K：0	K：10	K：0

5.2.5 空间与自然光影

色彩调性：朴素、明亮、简洁、温馨、治愈、洁净。

常用主题色：

CMYK：12,10,13,0　CMYK：0,0,0,0　CMYK：6,48,48,0　CMYK：13,10,10,0　CMYK：9,8,31,0　CMYK：14,40,83,0

常用色彩搭配

CMYK：12,10,13,0
CMYK：29,31,74,0

象牙色与淡金色搭配，含蓄而不失华贵，给人高端、富丽堂皇的感觉。

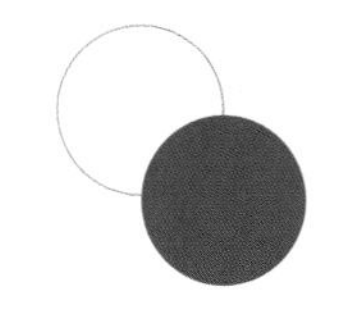

CMYK：0,0,0,0
CMYK：76,53,98,18

白色与墨绿色搭配，是植物与自然光的结合，可以营造出清新、自然的室内氛围。

CMYK：6,48,48,0
CMYK：54,92,90,37

将蜜桃粉色与酒红色作为餐厅配色，可以营造复古、浓郁的室内氛围。

CMYK：14,40,83,0
CMYK：14,11,19,0

橙黄色与贝色搭配，可以营造美味、阳光的室内氛围。

配色速查

淡雅

CMYK：0,0,5,0
CMYK：46,46,43,0
CMYK：20,32,57,0

朦胧

CMYK：18,13,11,0
CMYK：53,37,57,0
CMYK：16,29,32,0

惬意

CMYK：38,37,83,0
CMYK：15,14,16,0
CMYK：70,68,81,37

清爽

CMYK：0,0,0,0
CMYK：27,17,32,0
CMYK：92,78,38,3

该洽谈室空间呈现出复古、典雅的风格，充满古典气息的木质家具与植物在自然光的照射下更加温馨、耀目，给人惬意、恬淡的感觉。

色彩点评

- 木质家具与植物可以营造自然、安宁的环境氛围，给人惬意、舒适的感觉。
- 自然光与白色桌面相得益彰，提升了空间的亮度，使整体空间的氛围更加明快。

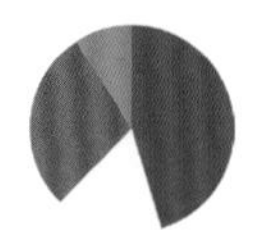

CMYK：80,66,54,12
CMYK：3,2,1,0
CMYK：18,82,98,0
CMYK：64,33,100,0

推荐色彩搭配

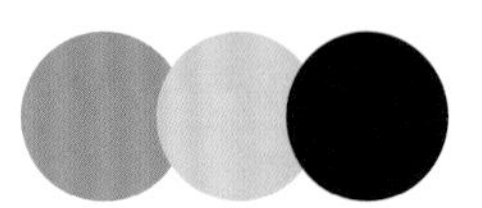

C：33	C：27	C：82
M：40	M：13	M：84
Y：50	Y：9	Y：85
K：0	K：0	K：72

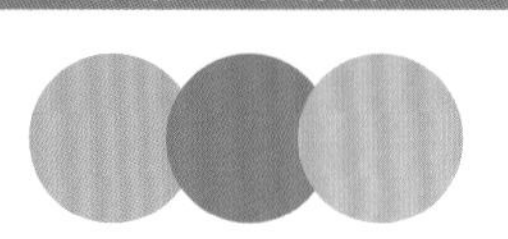

C：40	C：52	C：13
M：17	M：44	M：27
Y：27	Y：39	Y：54
K：0	K：0	K：0

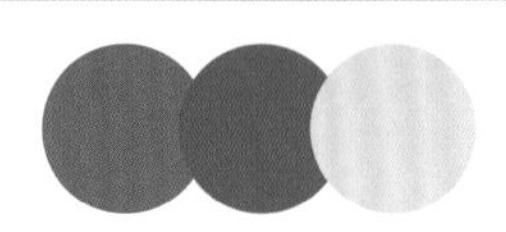

C：56	C：72	C：16
M：54	M：51	M：11
Y：59	Y：62	Y：7
K：1	K：5	K：0

沐浴在日光中的洽谈室呈现出明亮、洁净的视觉效果，在绿植的衬托下，充满自然的清爽之意。

色彩点评

- 绿植与白色背景的融合充满自然与生命的气息，赋予空间呼吸感。
- 白色室外光的照射使空间更加明亮，给人干净、澄净之感。

CMYK：8,6,5,0
CMYK：71,77,89,58
CMYK：72,27,100,0
CMYK：38,30,34,0

推荐色彩搭配

C：11	C：43	C：76
M：6	M：42	M：53
Y：16	Y：49	Y：100
K：0	K：0	K：16

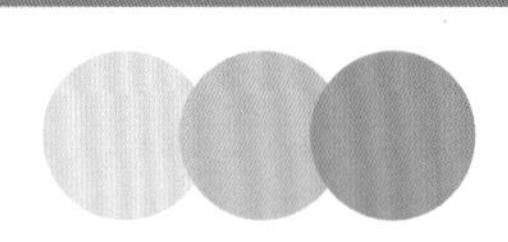

C：10	C：33	C：38
M：11	M：17	M：34
Y：28	Y：15	Y：36
K：0	K：0	K：0

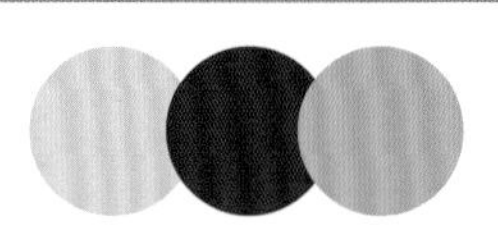

C：10	C：67	C：39
M：18	M：74	M：21
Y：29	Y：83	Y：51
K：0	K：45	K：0

5.3 商业空间中常见的灯光类型

商业空间中的灯光种类多种多样、五花八门，大致可分为吊灯、灯带、射灯、牌匾灯光、产品展示灯光、陈设灯光以及室外景观灯光等几类。这些灯光都可以创造意境、烘托氛围，为人们带来视觉上的享受。

5.3.1 吊灯

色彩调性：高端、雅致、沉静、大气、平衡、尊贵。

常用主题色：

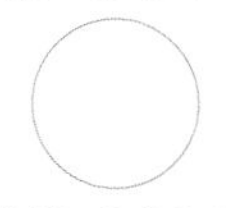
CMYK：0,0,0,0

CMYK：11,5,18,0

CMYK：14,7,53,0

CMYK：16,25,32,0

CMYK：29,39,77,0

CMYK：40,20,8,0

常用色彩搭配

CMYK：7,9,9,0
CMYK：57,56,59,2

浅灰色与灰褐色搭配使空间色彩纯度更加层次分明，给人留下丰富、高级的视觉印象。

CMYK：14,7,53,0
CMYK：8,50,79,0

奶黄色与阳橙色形成邻近色对比，增添美味、明快的特点。

CMYK：16,25,32,0
CMYK：38,75,94,2

奶咖色与红棕色色彩含蓄、雅致，凸显出一种庄重、成熟的风格。

CMYK：40,20,8,0
CMYK：56,0,22,0

灰蓝色与青色作为科技展馆配色时，会给人神秘、梦幻的感觉。

配色速查

清新

CMYK：13,23,31,0
CMYK：35,13,73,0
CMYK：73,68,59,17

温和

CMYK：0,4,6,0
CMYK：18,39,66,0
CMYK：82,76,69,45

柔和

CMYK：7,4,6,0
CMYK：34,32,28,0
CMYK：59,72,83,27

高端

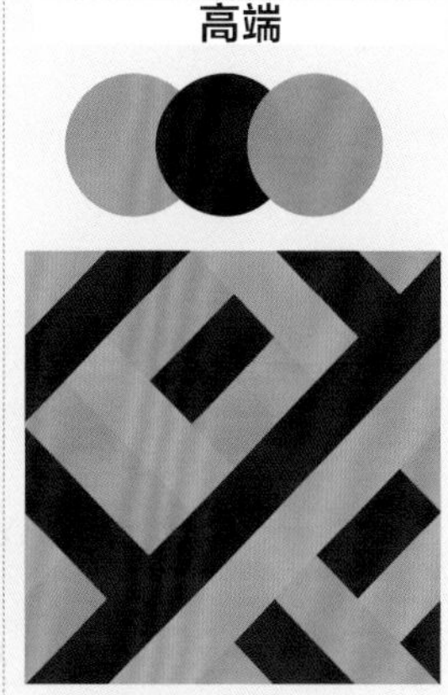

CMYK：29,38,50,0
CMYK：91,82,65,46
CMYK：33,38,95,0

吊灯作为餐厅的照明工具与装饰物，装点空间的同时增强了餐厅的设计感与灵动感。

色彩点评

- 灰绿色作为餐厅主色，极具生机与活力。
- 浅橙色吊灯与棕色地板相互呼应，使整体环境更具温和、安静的气息。

CMYK：54,37,51,0
CMYK：41,62,62,0
CMYK：0,0,0,0
CMYK：0,28,35,0

推荐色彩搭配

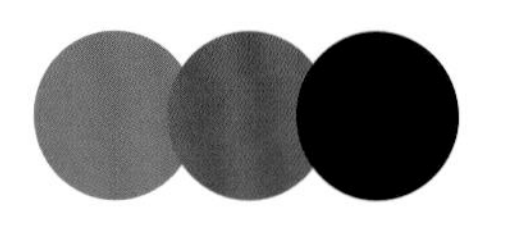

C：71	C：53	C：93
M：46	M：65	M：90
Y：21	Y：71	Y：80
K：0	K：8	K：73

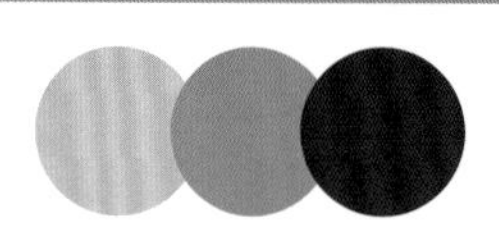

C：11	C：42	C：89
M：27	M：48	M：68
Y：53	Y：50	Y：83
K：0	K：0	K：52

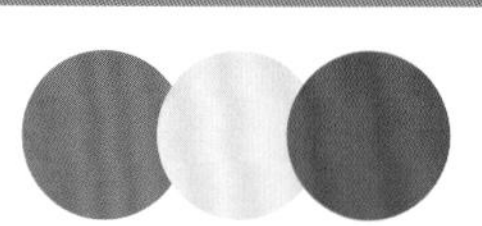

C：33	C：5	C：57
M：58	M：12	M：62
Y：58	Y：14	Y：69
K：0	K：0	K：8

该鞋店采用较大的灯具作为照明工具，使店铺空间更加明亮，便于消费者查看商品，同时还呈现出一种闪耀、优雅的格调。

色彩点评

- 大体积的白色灯具照亮空间的同时，还具有较强的装饰性。
- 空间整体呈棕色调，给人古典、成熟的感觉。

CMYK：0,0,5,0
CMYK：34,32,38,0
CMYK：56,55,80,6

推荐色彩搭配

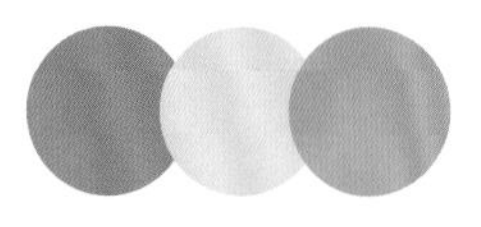

C：47	C：16	C：30
M：40	M：11	M：33
Y：49	Y：11	Y：44
K：0	K：0	K：0

C：64	C：19	C：45
M：66	M：22	M：53
Y：97	Y：33	Y：52
K：31	K：0	K：0

C：87	C：5	C：44
M：88	M：0	M：65
Y：87	Y：7	Y：81
K：77	K：0	K：3

5.3.2 灯带

色彩调性：富丽、调皮、欢快、梦幻、浪漫、鲜活。

常用主题色：

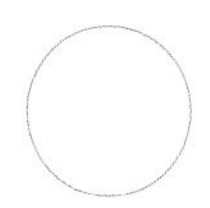
CMYK：0,0,0,0

CMYK：46,52,100,1

CMYK：9,31,79,0

CMYK：65,22,0,0

CMYK：7,16,15,0

CMYK：9,90,88,0

常用色彩搭配

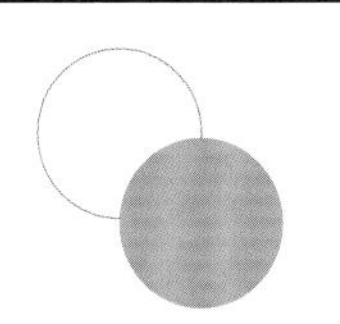
CMYK：0,0,0,0
CMYK：5,41,92,0

金盏花黄与白色搭配，可以营造尊贵、优雅的环境氛围。

CMYK：46,52,100,1
CMYK：67,47,31,0

黄褐色与墨蓝色形成冷暖对比，给人饱满、深沉的感觉。

CMYK：7,16,15,0
CMYK：32,66,91,0

贝壳粉与琥珀色作为甜品店色彩，给人温柔、细腻、可靠的感觉。

CMYK：9,90,88,0
CMYK：9,7,3,0

红色与银白色搭配具有强烈的视觉冲击力，极为吸睛、醒目。

配色速查

醒目

CMYK：26,56,100,0
CMYK：24,12,0,0
CMYK：81,85,34,1

绚丽

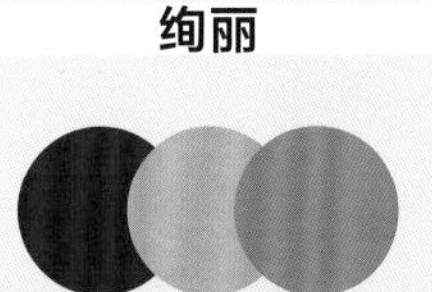

CMYK：100,87,35,1
CMYK：9,33,88,0
CMYK：67,30,100,0

安宁

CMYK：16,42,82,0
CMYK：18,10,7,0
CMYK：86,60,100,41

明亮

CMYK：4,3,3,0
CMYK：12,21,35,0
CMYK：53,58,100,7

该酒店采用线条灯带组合，使空间充满曲线的动感之美，活跃了空间气氛，呈现出优美、灵动、雅致的视觉效果。

色彩点评

- 暗金色调使整个空间充满尊贵、富丽的气息。
- 密集的灯带营造出闪烁的照明效果，充满唯美与梦幻的色彩。

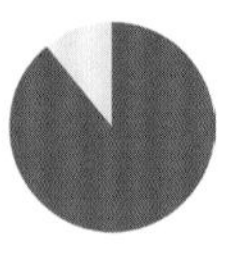

CMYK：56,62,92,14
CMYK：8,12,20,0

推荐色彩搭配

C：1	C：27	C：64
M：0	M：19	M：66
Y：10	Y：19	Y：100
K：0	K：0	K：30

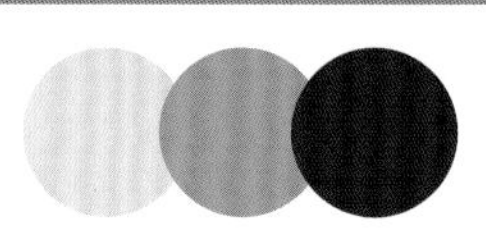

C：15	C：27	C：65
M：11	M：38	M：78
Y：12	Y：98	Y：95
K：0	K：0	K：52

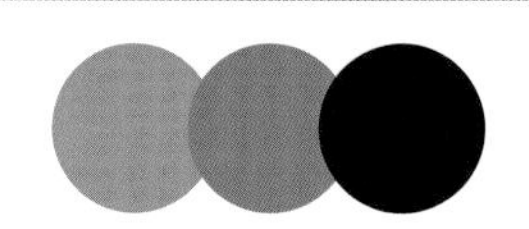

C：13	C：49	C：89
M：50	M：49	M：84
Y：90	Y：57	Y：84
K：0	K：0	K：74

该酒杯造型的灯具被设计成一条蜿蜒的灯带，呈现出流动、婉转的效果，赋予空间动感，给人时尚、个性的感觉。

色彩点评

- 棕色作为空间主色调，充满复古的气息。
- 白色与金色交错的灯带具有较强的创意性与吸引力。

CMYK：53,72,100,20
CMYK：35,48,76,0
CMYK：12,5,8,0
CMYK：89,86,88,77
CMYK：17,39,90,0

推荐色彩搭配

C：45	C：14	C：75
M：51	M：9	M：76
Y：59	Y：18	Y：91
K：0	K：0	K：59

C：11	C：20	C：92
M：38	M：6	M：66
Y：85	Y：5	Y：56
K：0	K：0	K：15

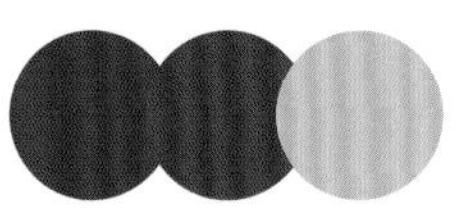

C：76	C：52	C：18
M：67	M：74	M：22
Y：64	Y：100	Y：40
K：24	K：21	K：0

5.3.3 射灯

色彩调性：明亮、温和、静谧、淡雅、温暖、和谐。

常用主题色：

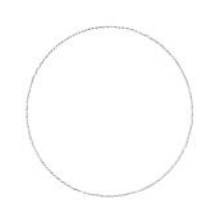
CMYK：0,0,0,0

CMYK：6,16,23,0

CMYK：13,14,38,0

CMYK：29,12,1,0

CMYK：10,18,71,0

CMYK：10,26,17,0

常用色彩搭配

CMYK：44,26,19,0
CMYK：6,8,36,0

灰蓝色与奶黄色色彩纯度较低，给人含蓄、低调、内敛的印象。

CMYK：6,16,23,0
CMYK：30,97,100,0

肤色与绯红色搭配，呈现出柔美、娇艳的视觉效果。

CMYK：5,4,4,0
CMYK：25,37,39,0

奶咖色与银白色搭配，既显示出整洁、明亮的效果，又具有优雅、内敛的特点。

CMYK：10,18,71,0
CMYK：14,30,23,0

浅金黄色与粉色搭配，可获得高贵、浪漫、内敛的视觉效果。

配色速查

沉着

CMYK：11,16,11,0
CMYK：46,43,43,0
CMYK：27,57,79,0

稳重

CMYK：6,9,18,0
CMYK：23,29,41,0
CMYK：83,79,78,62

鲜明

CMYK：61,24,11,0
CMYK：10,15,63,0
CMYK：49,47,0,0

成熟

CMYK：5,4,12,0
CMYK：60,82,100,48
CMYK：4,29,39,0

该办公区的灯光从不同角度进行照明，展现出安静、正式的气氛，突出了理性、庄重的装修主题。

色彩点评

- 该办公区整体呈暗色调，给人严肃、严谨的感觉。
- 照明与暗灰色形成明暗对比，具有强调局部的作用。

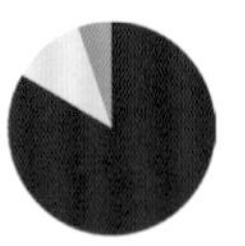

CMYK：86,77,65,40,
CMYK：4,18,22,0
CMYK：58,33,100,0

推荐色彩搭配

C：0	C：43	C：85
M：8	M：24	M：77
Y：5	Y：22	Y：65
K：0	K：0	K：41

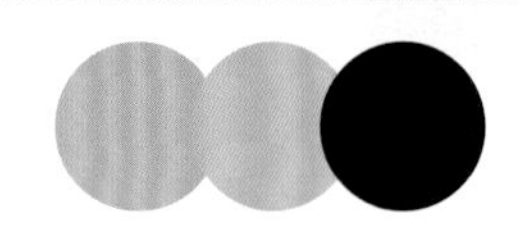

C：20	C：37	C：91
M：32	M：23	M：87
Y：35	Y：10	Y：85
K：0	K：0	K：77

C：40	C：5	C：62
M：18	M：16	M：65
Y：72	Y：21	Y：72
K：0	K：0	K：17

该蛋糕店的色彩与风格呈现出浪漫、温柔的特点，射灯的设置既可以衬托食品，又可获得明亮、干净的视觉效果，使空间气氛更加轻快，令人安心。

色彩点评

- 甜品店以白色作为主色，突出了干净、梦幻的特点。
- 粉色、浅咖色与棕色搭配，丰富空间色彩层次的同时，给人温馨、幸福的感觉。

CMYK：5,4,4,0
CMYK：44,55,64,0
CMYK：24,35,36,0
CMYK：17,26,9,0

推荐色彩搭配

C：11	C：33	C：20
M：9	M：55	M：98
Y：9	Y：67	Y：61
K：0	K：0	K：0

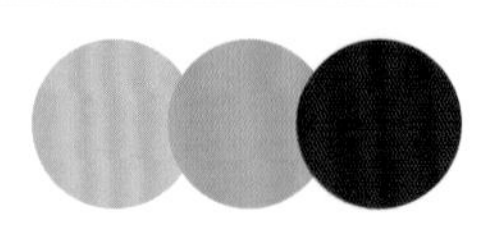

C：8	C：22	C：64
M：34	M：39	M：79
Y：13	Y：38	Y：100
K：0	K：0	K：51

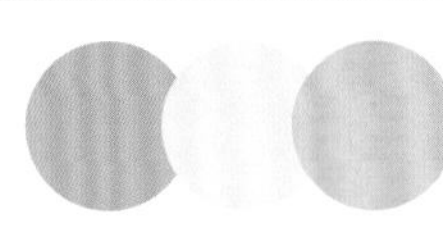

C：31	C：7	C：6
M：24	M：4	M：26
Y：23	Y：5	Y：16
K：0	K：0	K：0

5.3.4 牌匾灯光

色彩调性：亮眼、温和、自然、夺目、热情、科技。

常用主题色：

CMYK：0,0,0,0

CMYK：16,8,40,0

CMYK：53,0,70,0

CMYK：15,90,100,0

CMYK：69,25,0,0

CMYK：9,17,19,0

常用色彩搭配

CMYK：16,8,40,0
CMYK：13,10,10,0

浅嫩绿色与亮灰色搭配，给人柔和、自然、舒适的感觉。

CMYK：53,0,70,0
CMYK：76,67,61,20

绿色与墨色搭配，形成明度对比，作为药店配色时，给人安全、生机、值得信赖的感觉。

CMYK：15,90,100,0
CMYK：10,60,74,0

红色与红柿色色温较高，可以营造火热、美味、沸腾的空间氛围。

CMYK：69,25,0,0
CMYK：5,4,4,0

蓝色与灰白色搭配形成冷色调，给人冷静、清爽、简约的感觉。

配色速查

欢快

CMYK：84,57,0,0
CMYK：76,71,61,23
CMYK：15,7,57,0

热情

CMYK：5,17,13,0
CMYK：25,61,93,0
CMYK：35,48,0,0

明媚

CMYK：11,7,5,0
CMYK：0,46,91,0
CMYK：82,69,57,19

复古

CMYK：19,84,70,0
CMYK：51,33,29,0
CMYK：11,16,21,0

该击剑锦标赛的宣传路牌设计作品，内置的灯光使其在夜晚中依旧吸睛，可以更好地传递重要信息，吸引人们参与。

色彩点评

- 白色灯牌与昏暗的环境形成鲜明对比，可以更加迅速地吸引观者的注意力。
- 蓝色与黑色作为辅助色，形成理性、冷静的视觉效果，彰显竞赛的内涵。

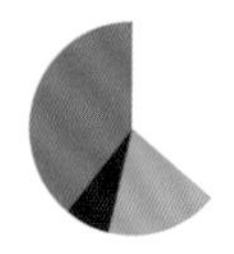

CMYK：0,0,0,0
CMYK：75,23,5,0
CMYK：81,80,77,61
CMYK：44,63,97,4

推荐色彩搭配

C：0	C：55	C：81
M：0	M：35	M：76
Y：0	Y：0	Y：78
K：0	K：0	K：57

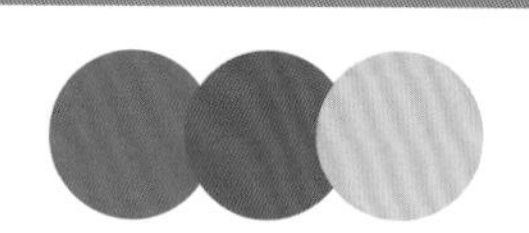

C：84	C：67	C：2
M：46	M：58	M：30
Y：28	Y：55	Y：71
K：0	K：5	K：0

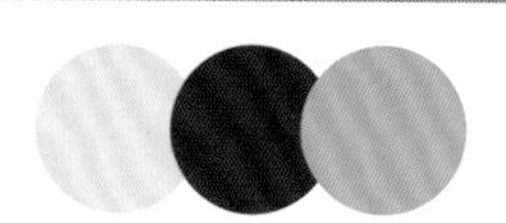

C：13	C：58	C：58
M：11	M：82	M：16
Y：10	Y：100	Y：4
K：0	K：44	K：0

该商铺的牌匾采用手写体文字，呈现出温柔、平和的效果；明亮的灯光照亮文字的同时，又使室内布局一览无余，可以更好地吸引消费者关注。

色彩点评

- 黑夜中的暖黄灯光使空间更加温馨、温暖。
- 绿植的摆放赋予空间极强的生命感，更添自然气息。

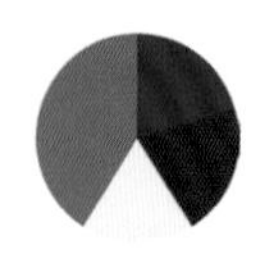

CMYK：97,91,49,19
CMYK：77,77,82,59
CMYK：8,2,33,0
CMYK：70,55,97,16

推荐色彩搭配

C：74	C：12	C：22
M：61	M：12	M：53
Y：47	Y：29	Y：60
K：3	K：0	K：0

C：61	C：69	C：24
M：62	M：53	M：31
Y：84	Y：31	Y：35
K：19	K：0	K：0

C：72	C：33	C：45
M：57	M：1	M：50
Y：100	Y：72	Y：54
K：22	K：0	K：0

5.3.5 产品展示灯光

色彩调性：明亮、闪耀、雅致、恬静、瞩目、博大。

常用主题色：

CMYK：0,0,0,0　CMYK：3,12,47,0　CMYK：6,27,32,0　CMYK：73,90,0,0　CMYK：21,98,100,0　CMYK：68,40,0,0

常用色彩搭配

CMYK：12,20,24,0
CMYK：50,82,100,22

奶檬色与红褐色搭配，温柔、大气，非常有格调。

CMYK：8,9,18,0
CMYK：32,8,68,0

淡绿与浅葱绿色搭配，色彩清新、淡雅，给人自然、朦胧的感觉。

CMYK：42,42,20,0
CMYK：0,0,0,0

灰紫色与白色作为服装店配色时，给人浪漫、纯真的感觉。

CMYK：68,40,0,0
CMYK：3,10,42,0

皇室蓝与奶黄搭配，可以营造出活泼、灵动的环境氛围。

配色速查

自然

CMYK：1,8,16,0
CMYK：65,48,100,6
CMYK：44,54,76,0

悠闲

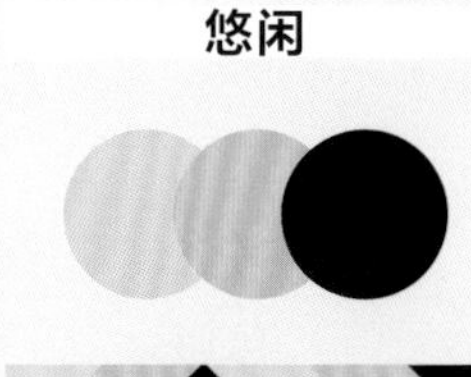

CMYK：31,7,9,0
CMYK：9,28,44,0
CMYK：91,83,82,72

淡雅

CMYK：8,7,9,0
CMYK：10,21,22,0
CMYK：60,82,100,47

清凉

CMYK：44,10,39,0
CMYK：12,9,12,0
CMYK：85,71,31,0

该展示台顶部的灯光与绿植搭配，既展现了服装的穿着效果，又使得空间充满清新、自然的气息，为消费者带来愉悦的购物体验。

色彩点评

- 白色灯光照亮了展示区域，使消费者可以将目光集中于此处。
- 绿色与白色搭配，充满生机与清新的气息。

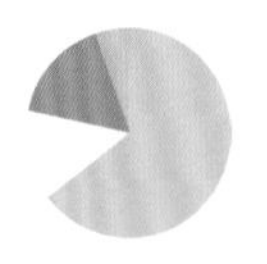

CMYK：25,24,26,0
CMYK：0,5,2,0
CMYK：59,40,73,0
CMYK：13,36,32,0

推荐色彩搭配

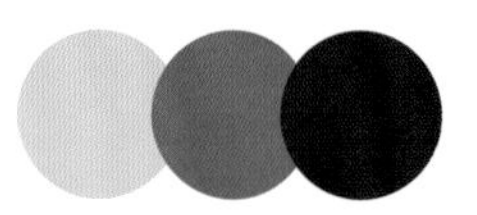

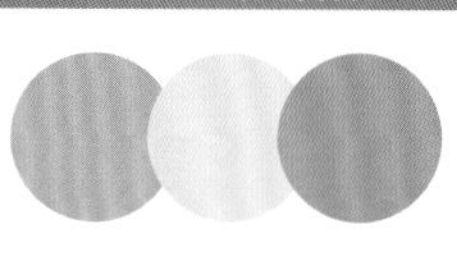

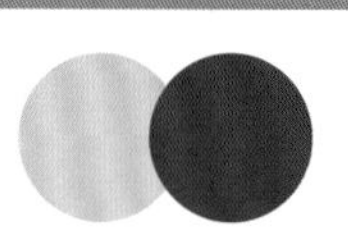

C：33	C：59	C：80	C：13	C：17	C：34	C：3	C：17	C：81
M：2	M：57	M：76	M：35	M：7	M：36	M：3	M：19	M：58
Y：55	Y：64	Y：79	Y：31	Y：9	Y：44	Y：3	Y：27	Y：100
K：0	K：5	K：57	K：0	K：0	K：0	K：0	K：0	K：30

该冰激凌和酸奶酒吧采用多个射灯的设计方式，为消费者呈现出一个明亮、整洁的食品环境，给人留下轻松、安心的印象。

色彩点评

- 白色与黑色搭配，形成简约、和谐的视觉效果。
- 浅橙色的灯光与整体空间色调搭配，增强了观者的美味与安宁之感。

CMYK：9,4,6,0
CMYK：33,28,95,0
CMYK：93,88,89,80
CMYK：20,31,36,0

推荐色彩搭配

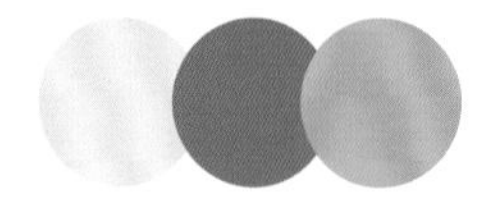

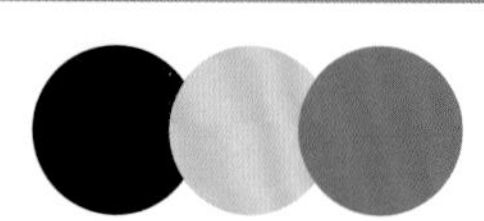

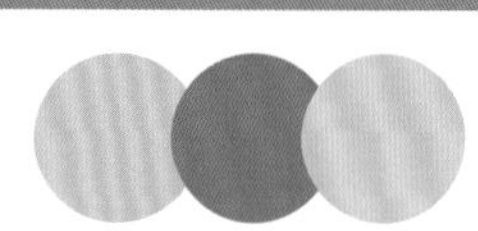

C：6	C：55	C：26	C：93	C：18	C：53	C：18	C：41	C：16
M：9	M：52	M：22	M：88	M：19	M：49	M：20	M：55	M：17
Y：6	Y：49	Y：91	Y：89	Y：27	Y：100	Y：26	Y：51	Y：44
K：0	K：0	K：0	K：80	K：0	K：2	K：0	K：0	K：0

5.3.6 陈设灯光

色彩调性：耀眼、素洁、低调、柔和、唯美、含蓄。

常用主题色：

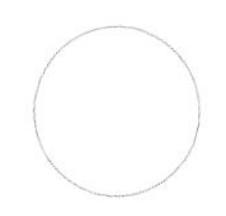
CMYK：0,0,0,0

CMYK：17,36,54,0

CMYK：10,16,33,0

CMYK：9,28,31,0

CMYK：9,7,47,0

CMYK：33,40,0,0

常用色彩搭配

CMYK：17,36,54,0
CMYK：17,15,17,0

浅棕黄色与灰色的色彩纯度较低，给人朴实、素雅的感觉。

CMYK：9,28,31,0
CMYK：87,68,74,43

肤色与墨绿色搭配，用于欧式装修时，更显古典、优雅。

CMYK：15,10,62,0
CMYK：78,54,34,0

深青色与月黄色形成强烈的色彩对比，极为吸睛、醒目。

CMYK：5,9,25,0
CMYK：37,38,22,0

淡黄色与灰紫色可以营造浪漫、淡雅的室内空间氛围。

配色速查

时尚

CMYK：0,0,4,0
CMYK：67,67,70,25
CMYK：42,100,89,8

浪漫

CMYK：11,17,26,0
CMYK：90,85,55,28
CMYK：10,20,68,0

治愈

CMYK：7,10,11,0
CMYK：75,55,85,18
CMYK：42,42,89,0

甜蜜

CMYK：20,11,8,0
CMYK：27,71,34,0
CMYK：85,78,50,14

该接待前台的背景墙面悬挂的创意灯具与植物摆件，展现出独特的设计与艺术美感，更显与众不同，极具唯美、雅致的韵味。

色彩点评

- 前台灯光以黄色与白色为主，使空间更为绚丽、明亮。
- 整体空间在灯光的照射下，更显华贵、大气。

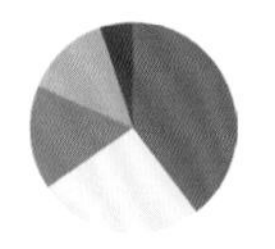

CMYK：59,64,62,9
CMYK：7,10,12,0
CMYK：44,60,69,1
CMYK：10,47,94,0
CMYK：48,96,57,5

推荐色彩搭配

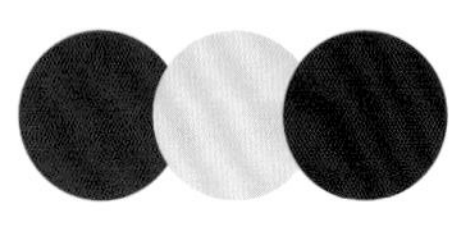

C：52	C：10	C：81
M：94	M：14	M：75
Y：64	Y：31	Y：71
K：15	K：0	K：48

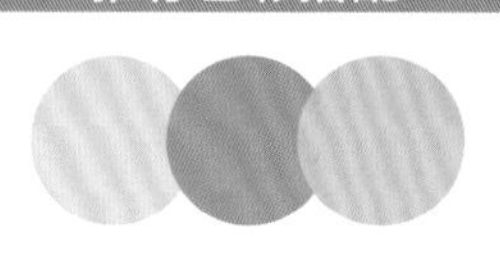

C：11	C：44	C：8
M：18	M：38	M：24
Y：21	Y：36	Y：89
K：0	K：0	K：0

C：45	C：53	C：20
M：90	M：25	M：24
Y：100	Y：96	Y：36
K：13	K：0	K：0

用不同形状与造型的灯具装饰该空间，为摩登现代风格的装修设计增添了鲜活、个性的色彩，给人优雅、精致、大气的感觉。

色彩点评

- 白色、藏蓝色与棕色搭配，更显摩登与优雅。
- 橙色灯具极具装饰性，其与棕色相互呼应，更显协调与格调。

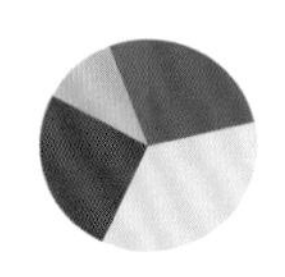

CMYK：82,65,48,6
CMYK：17,14,20,0
CMYK：59,73,86,30
CMYK：12,37,53,0
CMYK：71,54,100,17

推荐色彩搭配

C：76	C：15	C：12
M：61	M：44	M：11
Y：53	Y：52	Y：16
K：7	K：0	K：0

C：69	C：9	C：50
M：66	M：21	M：40
Y：74	Y：21	Y：31
K：27	K：0	K：0

C：57	C：7	C：81
M：67	M：11	M：56
Y：72	Y：13	Y：40
K：14	K：0	K：0

5.3.7 室外景观灯光

色彩调性：洁净、幽静、沉稳、热情 、雅致、阳光。

常用主题色：

CMYK：0,0,0,0

CMYK：62,24,0,0

CMYK：49,73,96,14

CMYK：22,93,100,0

CMYK：8,62,71,0

CMYK：11,12,57,0

常用色彩搭配

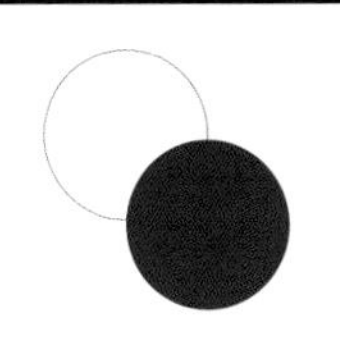
CMYK：0,0,0,0
CMYK：44,99,100,13

深红与白色两种色彩较为鲜艳、醒目，可以活跃空间气氛。

CMYK：97,90,27,0
CMYK：13,10,10,0

亮灰与宝蓝色搭配，给人商务、冷静、理性的印象。

CMYK：11,12,57,0
CMYK：51,67,99,12

柠檬黄与黄褐色搭配，形成暖色调，给人温暖、安心的感觉。

CMYK：14,7,29,0
CMYK：74,64,58,13

浅黄绿色与深灰色搭配，具有悠然、惬意的韵味。

配色速查

轻松

CMYK：100,99,53,4
CMYK：7,4,3,0
CMYK：73,56,83,19

火热

CMYK：11,16,58,0
CMYK：39,95,100,5
CMYK：54,74,83,22

优雅

CMYK：6,5,3,0
CMYK：0,26,8,0
CMYK：71,54,49,1

梦幻

CMYK：32,21,0,0
CMYK：10,0,68,0
CMYK：29,31,0,0

街道的照明与树木结合，破碎的灯光在地面呈现出波光粼粼的视觉效果，给人梦幻、唯美的感觉。

色彩点评

- 白色灯光被树枝阴影分散，形成犹如水面的效果，极具创意性。
- 整个环境以土黄色为主色调，给人安宁、朴实的感觉。

CMYK：7,10,22,0
CMYK：61,67,100,29

推荐色彩搭配

C：38	C：12	C：91
M：46	M：10	M：86
Y：60	Y：29	Y：87
K：0	K：0	K：78

C：15	C：54	C：56
M：7	M：58	M：97
Y：28	Y：87	Y：100
K：0	K：8	K：48

C：40	C：6	C：21
M：69	M：7	M：18
Y：100	Y：10	Y：47
K：3	K：0	K：0

用不同造型的景观灯与灯带装饰的广场空间，犹如梦幻仙境，给人浪漫、美妙、绚丽多彩的感觉，带来视觉上的享受。

色彩点评

- 白色与蓝紫色的景观灯光，为观者带来一处梦幻、优美的休闲场所。
- 景观灯光明亮、耀眼，具有较强的吸引力。

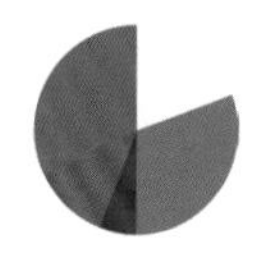

CMYK：0,5,2,0
CMYK：80,56,11,0
CMYK：100,89,0,0
CMYK：67,75,0,0
CMYK：78,51,98,15

推荐色彩搭配

C：7	C：100	C：72
M：5	M：91	M：62
Y：7	Y：6	Y：89
K：0	K：0	K：31

C：35	C：13	C：100
M：50	M：8	M：93
Y：8	Y：43	Y：42
K：0	K：0	K：5

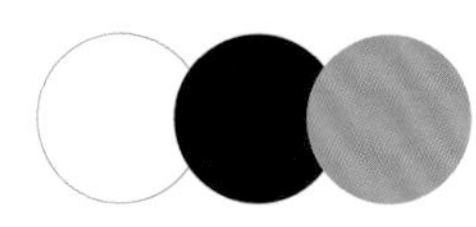

C：0	C：91	C：47
M：0	M：81	M：35
Y：0	Y：87	Y：0
K：0	K：74	K：0

第6章

商业空间设计的不同类型

商业空间是具有展示性、服务性、休闲性、文化性等功能的场所，根据空间功能与性质的不同，大致可分为大堂、接待区、办公区、会议室、洽谈区、娱乐区、餐饮区、商品销售区、休息区、走廊、室外空间、公共陈设区等不同类型。

6.1 大堂

大堂在功能上属于商业空间的中央区域，也是顾客对空间产生感受最直接的场所；大堂的装修风格与陈设在很大程度上决定了顾客对于场所的定位，一般银行、房地产公司、酒店、宾馆等场所都会设立大堂。

色彩调性：华丽、古典、成熟、自然、洁净、内敛。

常用主题色：

CMYK：86,67,49,8

CMYK：5,7,27,0

CMYK：92,87,88,79

CMYK：0,0,0,0

CMYK：7,42,91,0

CMYK：50,43,43,0

常用色彩搭配

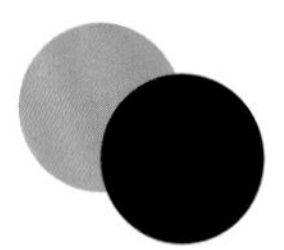
CMYK：7,42,91,0
CMYK：92,87,88,79

万寿菊黄搭配低明度的黑色，凸显出富丽堂皇的格调。

CMYK：5,7,27,0
CMYK：86,67,49,8

沙茶色与深青色形成明度对比，丰富了空间的色彩层次。

CMYK：6,65,94,0
CMYK：50,43,43,0

亮橙色与灰色搭配，使空间既充满欢快的气息，又不失朴实、自然。

CMYK：0,0,0,0
CMYK：72,56,30,0

白色与水墨蓝搭配，形成极简风格，充满商务气息。

配色速查

奢华

CMYK：13,44,90,0
CMYK：40,36,46,0
CMYK：67,75,100,51

复古

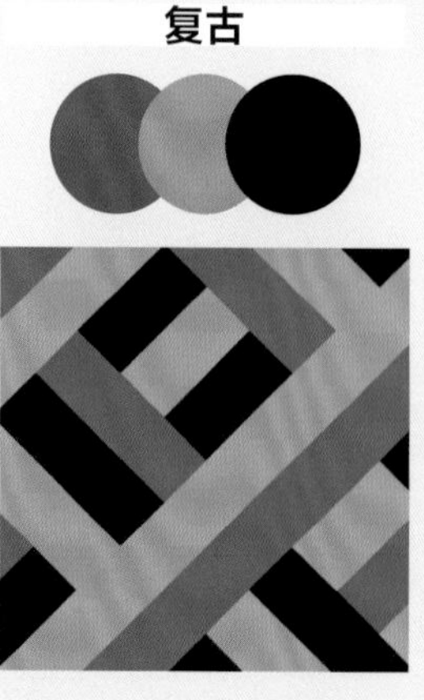
CMYK：60,59,73,10
CMYK：35,37,67,0
CMYK：88,84,84,74

梦幻

CMYK： 63,0,16,0
CMYK：100,93,9,0
CMYK：0,0,0,0

优雅

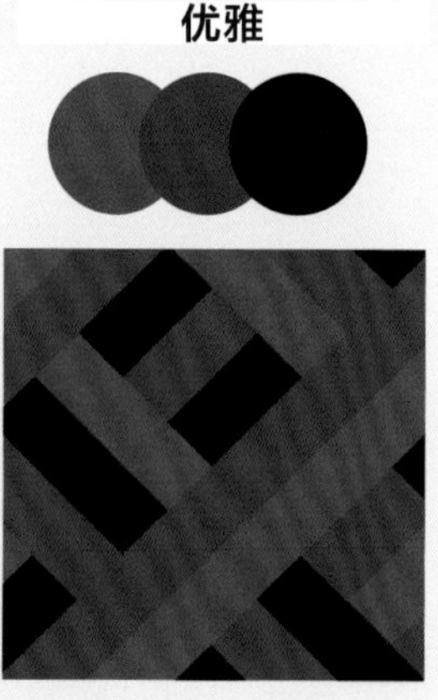
CMYK：13,96,84,0
CMYK：44,96,74,9
CMYK：83,86,90,75

该酒店大堂的天花板采用金属材料制作而成，呈现出交错分布的几何风格，给人一种个性、时尚、现代的感觉。

色彩点评

- 整个大堂空间呈灰色调，色彩纯度适中，形成内敛、现代、商务的效果。
- 棕色墙面色彩明度较低，彰显出成熟、大气的格调。

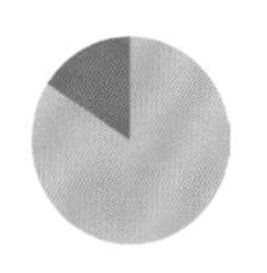

CMYK：34,27,26,0
CMYK：50,61,66,3

推荐色彩搭配

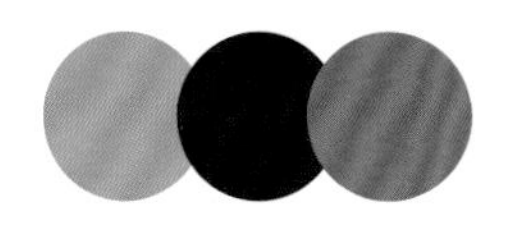

C：71 M：14 Y：34 K：0
C：83 M：81 Y：84 K：69
C：22 M：73 Y：99 K：0

C：86 M：52 Y：48 K：1
C：4 M：42 Y：92 K：0
C：69 M：72 Y：91 K：47

C：94 M：73 Y：35 K：1
C：73 M：66 Y：63 K：19
C：22 M：32 Y：53 K：0

该酒店大堂的亮点在于银杏叶造型的吊灯与旋梯，其在金色灯光照明下呈现出光彩夺目、金光闪闪的视觉效果。

色彩点评

- 金色作为空间主色调，营造出耀眼、尊贵的空间氛围。
- 米色的天花板与浅驼色的地板色彩柔和、自然，增强了空间的亲和感。

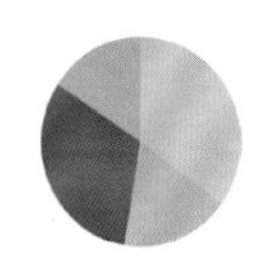

CMYK：16,32,39,0
CMYK：26,35,46,0
CMYK：39,84,100,4
CMYK：4,51,93,0

推荐色彩搭配

C：2 M：11 Y：37 K：0
C：27 M：31 Y：66 K：0
C：0 M：61 Y：92 K：0

C：22 M：73 Y：99 K：0
C：58 M：71 Y：100 K：27
C：11 M：21 Y：85 K：0

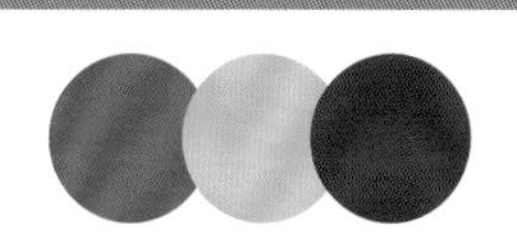

C：40 M：69 Y：100 K：2
C：12 M：25 Y：71 K：0
C：51 M：84 Y：99 K：27

6.2 接待区

接待区是负责迎接客户简单进行接待、问询、引见，并根据顾客需要进行后续引导工作的区域，包括接待前台、大堂接待区、独立的接待空间、办公接待区等。

色彩调性：自然、温馨、尊贵、稳重、复古、温暖。

常用主题色：

CMYK：86,47,100,11

CMYK：91,61,44,3

CMYK：9,7,8,0

CMYK：63,89,100,58

CMYK：87,82,84,72

CMYK：12,8,51,0

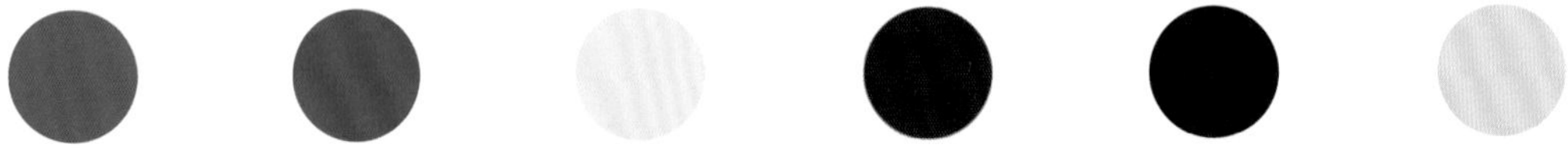

常用色彩搭配

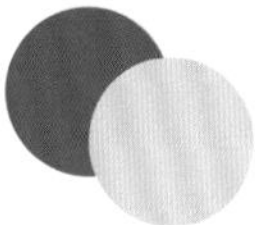

CMYK：86,47,100,11
CMYK：12,8,51,0

墨绿与浅黄色搭配，营造出自然、温馨的空间气氛。

CMYK：63,89,100,58
CMYK：9,7,8,0

红褐色搭配亮灰色，给人成熟、庄重、正式的感觉。

CMYK：91,61,44,3
CMYK：0,0,0,0

孔雀蓝搭配白色，形成清爽、洁净的视觉效果。

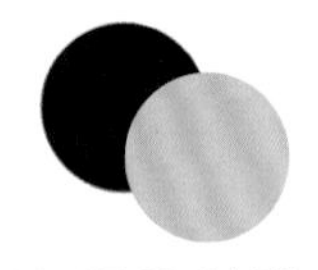

CMYK：87,82,84,72
CMYK：13,17,89,0

黑色与明黄色极为醒目、活泼，给人鲜活、欢快的感觉。

配色速查

鲜活

CMYK：50,42,39,0
CMYK：5,72,95,0
CMYK：0,1,1,0

自然

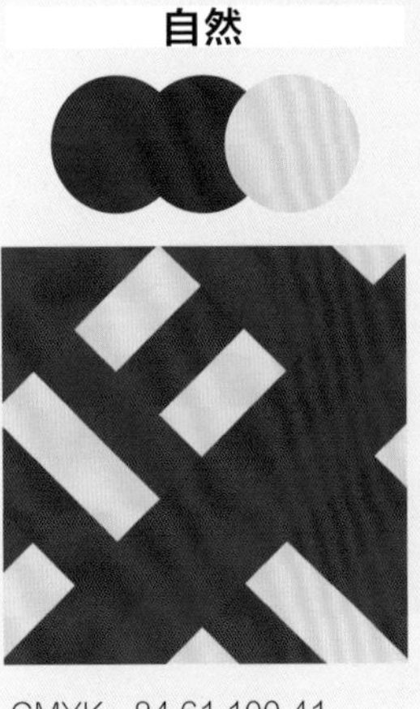

CMYK：84,61,100,41
CMYK：63,74,92,42
CMYK：5,16,29,0

绚丽

CMYK：10,52,94,0
CMYK：36,97,50,0
CMYK：19,13,9,0

商务

CMYK：100,99,50,2
CMYK：0,0,0,0
CMYK：91,86,87,78

几何流线型的金属装饰将接待区分隔，形成一处安静、惬意的休息、交谈区域。

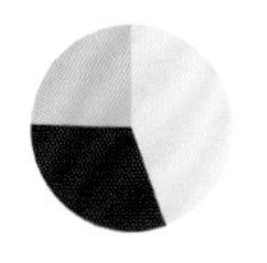

CMYK：14,10,11,0
CMYK：83,78,79,61
CMYK：42,14,9,0

色彩点评

- 亮灰色的地面与炭灰色的金属装饰形成色彩层次对比，丰富了色彩表现力。
- 淡蓝色的落地玻璃色彩清淡、柔和，能有效地缓解人的紧张心理，更便于交流。

推荐色彩搭配

C：13	C：85	C：56
M：13	M：68	M：47
Y：13	Y：15	Y：45
K：0	K：0	K：0

C：18	C：63	C：72
M：29	M：19	M：57
Y：59	Y：29	Y：13
K：0	K：0	K：0

C：24	C：91	C：84
M：16	M：99	M：80
Y：12	Y：0	Y：86
K：0	K：0	K：70

该规整有序的书架与绒面沙发、地毯展现出轻奢风的欧式主题，使其给人一种理性、庄严、正式的感觉。

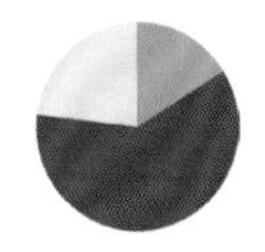

CMYK：26,41,46,0
CMYK：69,68,69,27
CMYK：9,10,13,0

色彩点评

- 深棕色作为空间主色，营造出庄重、严肃的空间氛围。
- 浅米色的沙发与银白灯光相互呼应，既提升了空间明度，又活跃了空间的气氛。

推荐色彩搭配

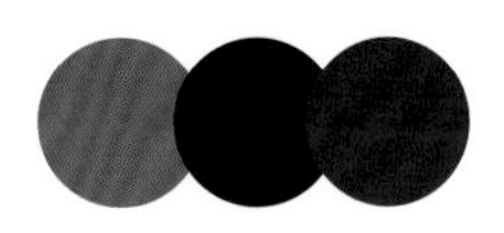

C：57	C：93	C：99
M：60	M：88	M：94
Y：100	Y：89	Y：49
K：14	K：80	K：18

C：93	C：56	C：45
M：88	M：64	M：23
Y：89	Y：72	Y：32
K：80	K：10	K：0

C：41	C：73	C：0
M：88	M：73	M：11
Y：100	Y：0	Y：13
K：6	K：0	K：0

6.3 办公区

办公区是企业内部人员，包括一般工作人员与领导人员处理事务的室内工作环境，是提供工作办公的场所。办公区可分为开放式办公空间、单元型办公空间、独立办公室、会议室、高层管理者办公室等。

色彩调性： 雍容、典雅、纯净、甜美、柔和、灵动。

常用主题色：

CMYK：85,80,45,9

CMYK：53,18,0,0

CMYK：0,0,0,0

CMYK：56,2,100,0

CMYK：26,35,52,0

CMYK：9,58,24,0

常用色彩搭配

CMYK：85,80,45,9
CMYK：9,58,24,0

浓蓝紫搭配热粉色，形成浪漫、温柔的视觉效果。

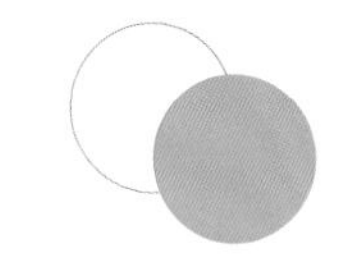
CMYK：0,0,0,0
CMYK：56,2,100,0

白色与柳绿色搭配，使空间充满鲜活的生命气息。

CMYK：26,35,52,0
CMYK：53,18,0,0

浅驼色与天蓝色两种不同冷暖属性色彩搭配，可以打造出温馨、清爽的空间。

CMYK：93,91,62,45
CMYK：33,9,4,0

淡青色与炭灰色形成纯度对比，给人冷静、理性的感觉。

配色速查

冷静

CMYK：73,69,68,30
CMYK：15,12,11,0
CMYK：71,8,23,0

清新

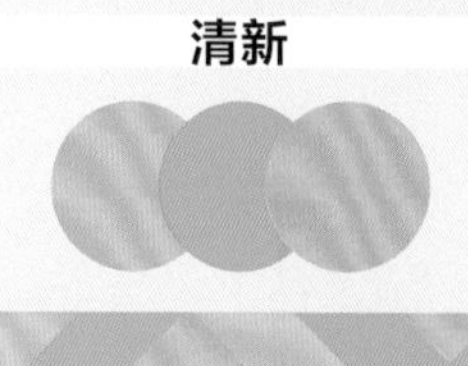

CMYK：16,24,34,0
CMYK：58,0,97,0
CMYK：10,23,87,0

安宁

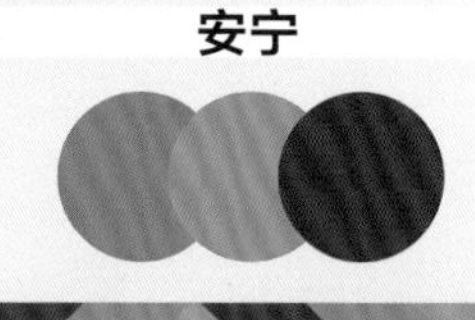

CMYK：68,37,18,0
CMYK：73,24,0,0
CMYK：53,80,93,25

温馨

CMYK：91,86,87,78
CMYK：16,55,95,0
CMYK：26,22,23,0

该办公室背景墙以不均等线条加以装饰，呈现出几何抽象的效果，具有较强的设计感与个性风格。

色彩点评

- 办公室以白色为主色调，整个空间更显简洁、清爽。
- 多彩的线条使办公室墙体极具吸引力，引人注目。

CMYK：0,1,1,0
CMYK：88,84,78,68
CMYK：25,75,100,0
CMYK：92,64,59,18

推荐色彩搭配

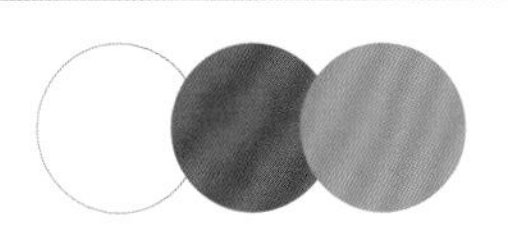

C：0	C：28	C：71
M：0	M：76	M：14
Y：0	Y：91	Y：34
K：0	K：0	K：0

C：87	C：34	C：3
M：57	M：33	M：70
Y：13	Y：23	Y：0
K：0	K：0	K：0

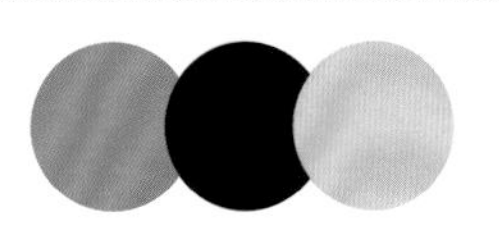

C：75	C：93	C：8
M：26	M：88	M：24
Y：21	Y：89	Y：51
K：0	K：80	K：0

该办公室的布局井然有序，给人明亮、洁净的感觉，使人在办公室可以保持愉悦的心情。

色彩点评

- 亮灰色作为办公空间主色，给人清爽、简约、明亮的感觉。
- 黑色书架与白色空间搭配，给人经典、清晰、利落的印象。

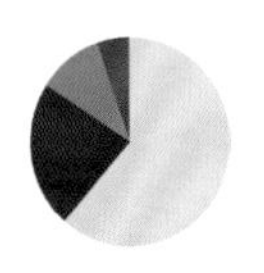

CMYK：21,13,12,0
CMYK：78,76,78,56
CMYK：74,47,36,0
CMYK：44,87,100,12

推荐色彩搭配

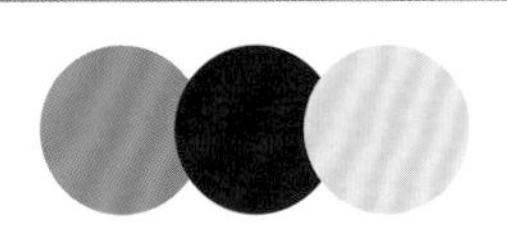

C：63	C：99	C：0
M：32	M：94	M：19
Y：2	Y：49	Y：15
K：0	K：18	K：0

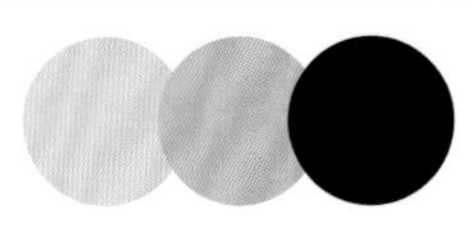

C：19	C：36	C：93
M：5	M：20	M：88
Y：52	Y：8	Y：89
K：0	K：0	K：80

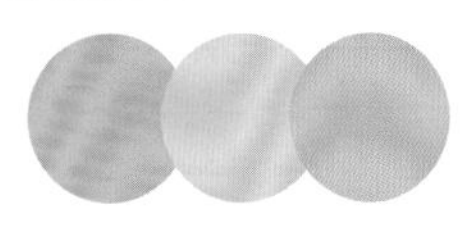

C：2	C：0	C：25
M：38	M：27	M：23
Y：91	Y：24	Y：23
K：0	K：0	K：0

6.4 会议室

会议室是用于开会的房间，具有召开会议、接待顾客、组织活动等功能。

色彩调性：清爽、简约、端庄、复古、深沉、优雅。

常用主题色：

CMYK：0,0,0,0

CMYK：17,13,13,0

CMYK：84,47,18,0

CMYK：48,68,100,10

CMYK：88,84,84,74

CMYK：30,100,94,0

常用色彩搭配

CMYK：0,0,0,0
CMYK：30,100,94,0

绯红与白色搭配，极具热情、灵动的视觉效果。

CMYK：17,13,13,0
CMYK：84,47,18,0

灰白色与青色搭配，可以营造理性、安静、正式的空间氛围。

CMYK：48,68,100,10
CMYK：88,84,84,74

棕色与黑色明度较低，两者搭配可获得尊贵、沉稳的视觉效果。

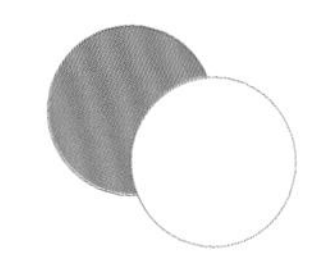

CMYK：76,17,36,0
CMYK：0,0,0,0

青绿色与白色两种清淡色彩搭配，可给人留下清新、梦幻的视觉印象。

配色速查

清爽

CMYK：12,10,11,0
CMYK：54,0,18,0
CMYK：52,0,94,0

深厚

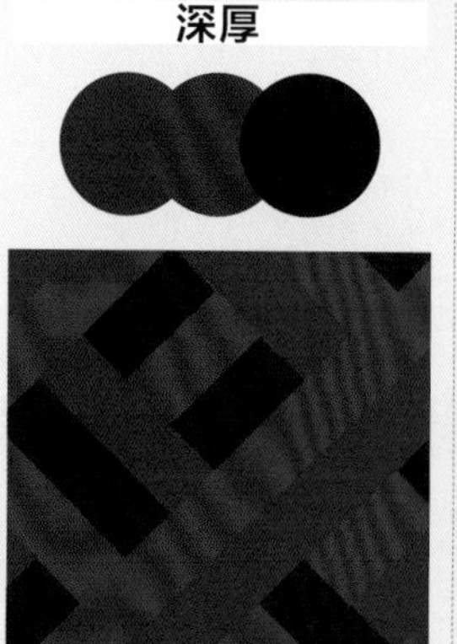

CMYK：44,100,100,14
CMYK：53,86,91,30
CMYK：84,79,78,63

绮丽

CMYK：0,0,0,0
CMYK：57,91,100,48
CMYK：39,100,89,5

内敛

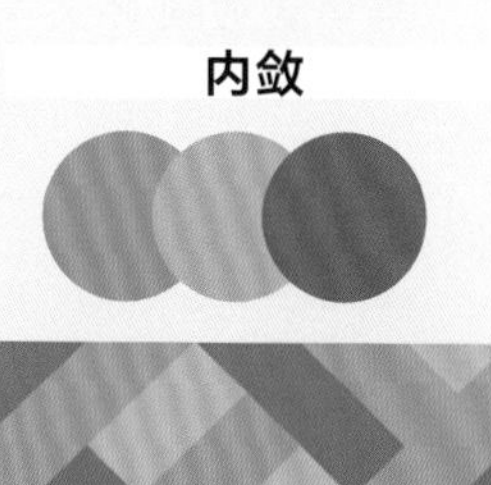

CMYK：53,27,52,0
CMYK：33,25,25,0
CMYK：54,57,63,3

该会议室中的原木地板与设施以及绿植的摆放，使整个空间充满自然的生命气息，给人心旷神怡的感觉。

色彩点评

- 白色的墙面色彩清浅、清爽，给人以简单、洁净的感觉。
- 米色地板与绿色植物搭配，呈现出鲜活、盎然、质朴的视觉效果。

CMYK：0,0,0,0
CMYK：14,31,48,0
CMYK：36,13,16,0
CMYK：69,16,100,0
CMYK：92,79,17,0

推荐色彩搭配

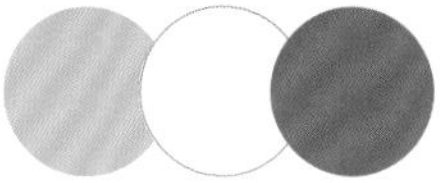

C：30 M：9 Y：83 K：0	C：0 M：0 Y：0 K：0	C：49 M：58 Y：67 K：2

C：79 M：70 Y：61 K：25	C：94 M：80 Y：0 K：0	C：1 M：15 Y：37 K：0

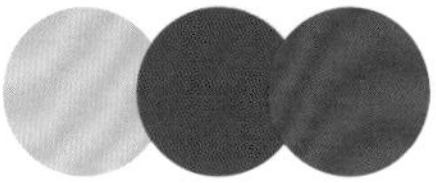

C：13 M：21 Y：54 K：0	C：82 M：53 Y：100 K：21	C：79 M：68 Y：14 K：0

该会议室的吊灯与墙体装饰物以及干净整洁的布置，使整个空间充满典雅、古典、奢华的格调。

色彩点评

- 巧克力色的墙面与米色的吊灯搭配，使空间极具奢华格调的同时又不失含蓄、内敛的视觉效果。
- 宝蓝色色彩明度较低，给人高贵、大气的感觉，与整个空间的风格非常协调。

CMYK：11,17,26,0
CMYK：56,73,94,26
CMYK：99,86,2,0

推荐色彩搭配

C：91 M：99 Y：0 K：0	C：0 M：21 Y：23 K：0	C：16 M：12 Y：12 K：0

C：87 M：57 Y：13 K：0	C：2 M：38 Y：91 K：0	C：56 M：85 Y：100 K：41

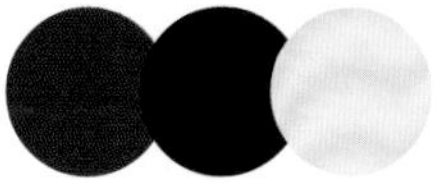

C：52 M：100 Y：95 K：35	C：92 M：88 Y：76 K：69	C：2 M：11 Y：37 K：0

6.5 洽谈区

洽谈区多用于企业与客户商谈或交流，在设计时需有别于其他办公区域。这种洽谈区一般应安排在宽阔明亮的环境，以使双方获得良好的体验。

色彩调性：和煦、浪漫、深邃、庄重、生命、华贵。

常用主题色：

CMYK：7,27,34,0

CMYK：49,29,8,0

CMYK：15,22,74,0

CMYK：100,97,49,3

CMYK：91,86,87,78

CMYK：79,22,100,0

常用色彩搭配

CMYK：7,27,34,0
CMYK：100,97,49,3

裸粉色与深蓝色搭配，可以打造出浪漫、婉约的欧式风格空间。

CMYK：49,29,8,0
CMYK：15,22,74,0

浅灰蓝与鹅黄色形成冷暖对比，给人明媚、活泼的感觉。

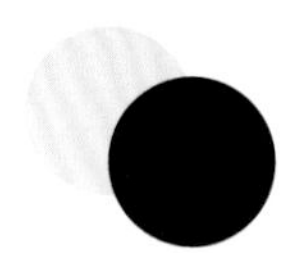
CMYK：8,6,6,0
CMYK：92,87,88,79

黑色与淡灰色明暗对比分明，使空间色彩极具视觉冲击力。

CMYK：79,22,100,0
CMYK：10,15,38,0

油绿色与淡黄色搭配，可以营造出自然、温馨的空间氛围。

配色速查

庄重

CMYK：4,16,17,0
CMYK：98,90,48,16
CMYK：81,78,77,58

阳光

CMYK：6,6,15,0
CMYK：72,6,31,0
CMYK：14,2,67,0

深邃

CMYK：78,73,66,34
CMYK：85,81,76,64
CMYK：10,11,14,0

柔和

CMYK：1,1,1,0
CMYK：16,14,87,0
CMYK：4,35,29,0

该空间窗帘的设置既可将空间分隔，同时又具有装饰作用，给人留下华贵、高档的印象。

色彩点评

- 灰色作为空间主色调，色彩内敛、低调，给人沉稳、理性的感觉。
- 藏蓝色色彩浓郁、饱满，可以赋予空间优雅、尊贵格调。

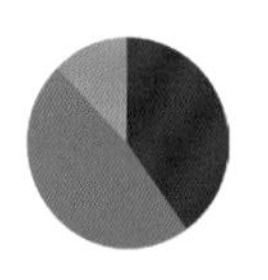

CMYK：93,86,47,14
CMYK：58,55,52,1
CMYK：43,39,60,0

推荐色彩搭配

C：11	C：44	C：7
M：0	M：0	M：24
Y：14	Y：51	Y：55
K：0	K：0	K：0

C：12	C：61	C：86
M：8	M：47	M：53
Y：23	Y：85	Y：29
K：0	K：3	K：0

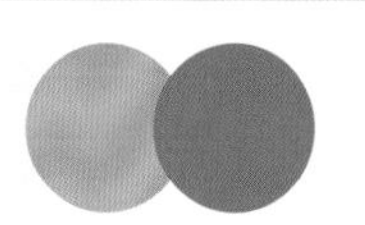

C：1	C：47	C：60
M：2	M：17	M：49
Y：9	Y：52	Y：35
K：0	K：0	K：0

该木质展架与植物搭配，赋予洽谈空间以自然气息，给人以惬意、放松、安静的感觉，更有利于交谈。

色彩点评

- 淡灰色与浅棕色搭配，使整个空间极为简约、清爽、自然。
- 绿植与座椅的色彩相互衬托，使空间更显自然、清新。

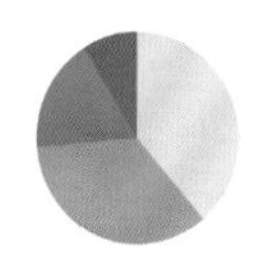

CMYK：18,14,13,0
CMYK：34,43,71,0
CMYK：68,43,100,3
CMYK：72,53,77,12

推荐色彩搭配

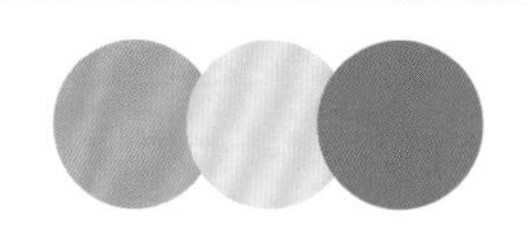

C：44	C：3	C：47
M：26	M：19	M：50
Y：17	Y：27	Y：52
K：0	K：0	K：0

C：93	C：22	C：5
M：74	M：37	M：24
Y：46	Y：31	Y：15
K：8	K：0	K：0

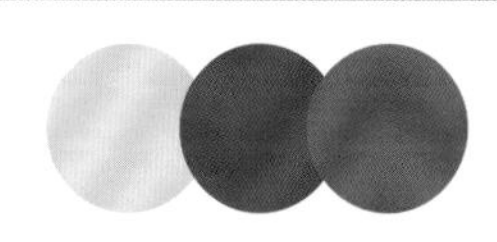

C：3	C：77	C：40
M：19	M：67	M：69
Y：27	Y：49	Y：100
K：0	K：7	K：2

6.6 娱乐区

娱乐区是设置在室内，如商场儿童娱乐区、俱乐部、台球室、娱乐室等，用于放松心情、缓解压力的休闲场所。

色彩调性：清新、空灵、简约、耀眼、浪漫、寂静。

常用主题色：

CMYK：1,78,94,0　CMYK：9,0,83,0　CMYK：75,33,0,0　CMYK：70,81,0,0　CMYK：1,68,6,0　CMYK：0,0,0,0

常用色彩搭配

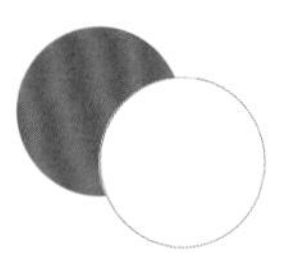

CMYK：1,78,94,0
CMYK：0,0,0,0

粉橙色与白色搭配，可以营造出阳光、明快的环境氛围。

CMYK：1,68,37,0
CMYK：63,0,15,0

山茶粉色与青色纯度较高，给人活泼、明快的感觉。

CMYK：75,33,0,0
CMYK：2,58,0,0

蔚蓝与粉色两种色彩搭配，给人梦幻、清新、可爱的感觉，极易吸引儿童的目光。

CMYK：70,81,0,0
CMYK：9,0,83,0

紫色与黄色搭配，形成强烈的互补色对比，具有强烈的视觉冲击力。

配色速查

丰富

CMYK：57,0,40,0
CMYK：97,78,29,0
CMYK：0,77,49,0

活泼

CMYK：35,19,11,0
CMYK：8,96,67,0
CMYK：70,25,0,0

自然

CMYK：51,20,6,0
CMYK：2,59,89,0
CMYK：60,23,75,0

温馨

CMYK：59,84,15,0
CMYK：9,14,27,0
CMYK：4,41,69,0

该商场座椅被设计为梅花鹿的造型，与白色大气球形的吊灯相互呼应，共同打造出一个具有娱乐与休息功能的儿童娱乐区。

色彩点评

- 浅卡其色与白色占据空间大部分面积，空间整体明度较高，格调明快、轻松。
- 棕色座椅与浅卡其色形成同类色对比，丰富了空间的色彩层次感。

CMYK：3,2,2,0
CMYK：8,12,14,0
CMYK：42,59,70,1

推荐色彩搭配

C：27	C：11	C：55
M：22	M：12	M：63
Y：6	Y：46	Y：76
K：0	K：0	K：11

C：19	C：61	C：40
M：25	M：72	M：66
Y：50	Y：91	Y：73
K：0	K：35	K：1

C：28	C：2	C：79
M：76	M：11	M：70
Y：91	Y：37	Y：61
K：0	K：0	K：25

该大型商场的娱乐区运用多种圆形的设计元素，结合鲜艳的色彩，营造出明快、鲜活、轻松的环境氛围。

色彩点评

- 色彩鲜艳、绚丽的儿童娱乐区更易吸引儿童目光。
- 白色墙体有效中和了高纯度色彩的刺激性，使空间色彩更加和谐。

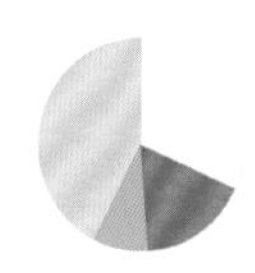

CMYK：0,0,0,0
CMYK：0,77,89,0
CMYK：67,0,20,0
CMYK：10,19,35,0

推荐色彩搭配

C：13	C：2	C：73
M：72	M：11	M：0
Y：77	Y：37	Y：62
K：0	K：0	K：0

C：81	C：0	C：0
M：88	M：78	M：27
Y：0	Y：93	Y：24
K：0	K：0	K：0

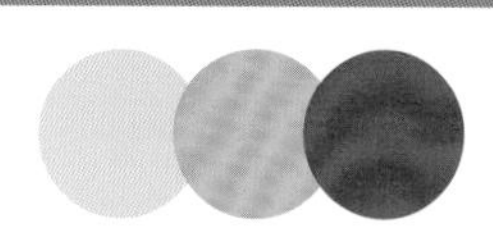

C：31	C：2	C：0
M：0	M：38	M：91
Y：23	Y：91	Y：94
K：0	K：0	K：0

6.7 商品销售区

商品销售区是商品陈列、展示以及售出的空间，因此应设置多种展示媒介，例如柜台、货架、展架、展示墙、橱窗等，其目的是便于消费者浏览、挑选以及购买。

色彩调性：温柔、大方、洁净、高端、梦幻、清新。

常用主题色：

CMYK：11,37,40,0

CMYK：13,97,63,0

CMYK：66,0,30,0

CMYK：77,71,68,35

CMYK：25,37,0,0

CMYK：38,0,39,0

常用色彩搭配

CMYK：5,33,33,0
CMYK：13,97,63,0

贝壳粉与草莓红搭配，给人娇艳、明媚、热情的印象。

CMYK：66,0,30,0
CMYK：77,71,68,35

黑灰色与青碧色搭配，给人含蓄、典雅的感觉。

CMYK：25,37,0,0
CMYK：25,0,11,0

丁香紫与水青色色彩较为柔和、清淡，给人温柔、雅致的感觉。

CMYK：38,0,39,0
CMYK：11,44,36,0

橘粉色与浅绿色搭配，梦幻、灵动，给人清新、和煦的感觉。

配色速查

绚丽

CMYK：18,18,18,0
CMYK：81,79,82,65
CMYK：3,81,96,0

鲜明

CMYK：12,94,96,0
CMYK：6,15,17,0
CMYK：64,38,100,0

沉稳

CMYK：37,24,0,0
CMYK：0,0,1,0
CMYK：86,82,82,70

温和

CMYK：5,28,41,0
CMYK：31,73,100,0
CMYK：2,55,43,0

该书店的零售展示区采用展示墙、展台与展架相结合的方式，有序利用商业空间摆放、布置书籍，给人一种层次分明、规整有序的感觉。

色彩点评

- 橘粉色与粉绿色搭配，给人活泼、明快的感觉。
- 白色墙面与中灰色地板搭配，呈现出简约、内敛的视觉效果。

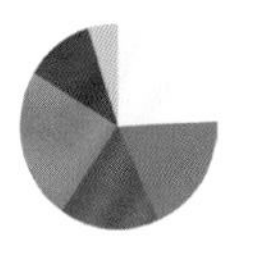

CMYK：4,4,4,0
CMYK：62,54,50,1
CMYK：51,74,60,6
CMYK：15,65,56,0
CMYK：86,77,51,15
CMYK：54,0,31,0

推荐色彩搭配

C：0	C：31	C：87
M：55	M：0	M：90
Y：56	Y：23	Y：24
K：0	K：0	K：0

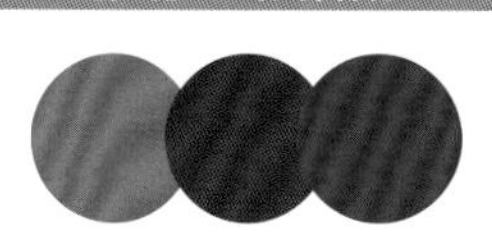

C：0	C：75	C：87
M：78	M：79	M：81
Y：86	Y：58	Y：8
K：0	K：25	K：0

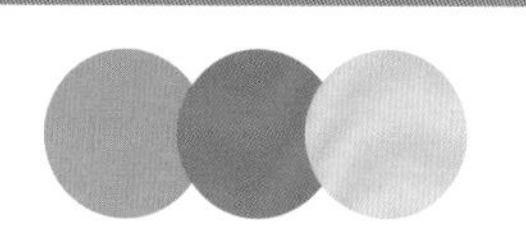

C：3	C：62	C：13
M：52	M：45	M：15
Y：46	Y：19	Y：68
K：0	K：0	K：0

该展台与展架的周围留有充裕的空间，便于消费者观察与体验，为消费者提供了便利、舒适的购物环境，给人惬意、轻松的感觉。

色彩点评

- 白色作为服装店主色，给人干净、明亮的印象，有利于吸引消费者购买。
- 贝壳粉色作为辅助色搭配白色，形成典雅、柔美的视觉效果。

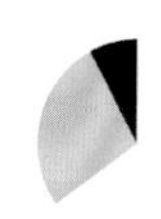

CMYK：0,0,0,0
CMYK：5,34,28,0
CMYK：92,89,84,76

推荐色彩搭配

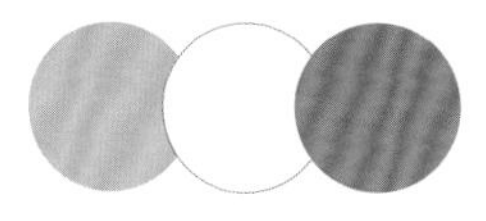

C：4	C：0	C：3
M：36	M：0	M：70
Y：24	Y：0	Y：0
K：0	K：0	K：0

C：0	C：0	C：6
M：19	M：31	M：87
Y：15	Y：9	Y：33
K：0	K：0	K：0

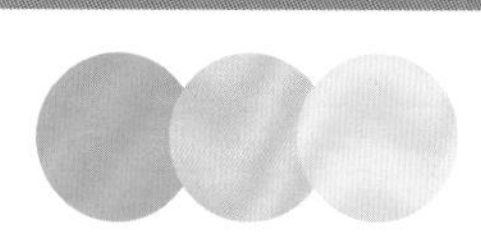

C：1	C：11	C：1
M：46	M：24	M：15
Y：15	Y：21	Y：37
K：0	K：0	K：0

6.8 休息区

休息区是商业空间中不可或缺的重要配套区域，有利于吸引客流，增加消费者在商业空间的停留时间。

色彩调性： 简洁、个性、活泼、醒目、成熟、古典。

常用主题色：

CMYK：15,12,13,0

CMYK：11,37,65,0

CMYK：71,49,4,0

CMYK：65,28,72,0

CMYK：53,97,100,40

CMYK：7,28,24,0

常用色彩搭配

CMYK：15,12,13,0
CMYK：65,28,72,0
亮灰色与青竹色色彩柔和、内敛，形成自然、朴实的视觉效果。

CMYK：71,49,4,0
CMYK：78,92,89,74
皇室蓝与黑色搭配，给人优雅、尊贵的感觉。

CMYK：53,97,100,40
CMYK：11,37,65,0
酒红色与橘黄色搭配，形成暖色调，给人温暖、复古的感觉。

CMYK：7,28,24,0
CMYK：5,4,4,0
粉橘色与灰白色搭配，可以营造浪漫、温柔的空间氛围。

配色速查

休闲

CMYK：0,0,0,0
CMYK：84,43,34,0
CMYK：9,68,74,0

含蓄

CMYK：32,25,23,0
CMYK：83,64,16,0
CMYK：2,12,32,0

清爽

CMYK：3,21,26,0
CMYK：4,3,3,0
CMYK：71,7,97,0

安宁

CMYK：0,7,6,0
CMYK：44,72,85,6
CMYK：73,63,22,0

该商场休息区可为顾客在购物的间隙提供一处安静、惬意的休息场所，其独特的弧形座椅与绿植搭配，给人自由、个性的感觉，令人愉悦。

色彩点评

- 白色作为空间主色，搭配米色，营造出自然、温馨的空间氛围。
- 墨绿地毯与绿植相互呼应，给人盎然、鲜活的印象。

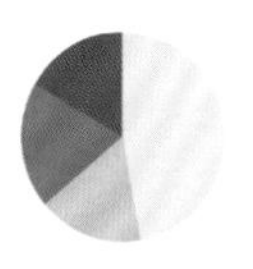

CMYK：9,7,7,0
CMYK：11,27,37,0
CMYK：68,47,99,6
CMYK：75,58,84,23

推荐色彩搭配

C：40	C：89	C：26
M：66	M：58	M：14
Y：73	Y：69	Y：15
K：1	K：20	K：0

C：13	C：19	C：90
M：56	M：5	M：72
Y：71	Y：52	Y：45
K：0	K：0	K：6

C：28	C：6	C：46
M：76	M：34	M：40
Y：91	Y：83	Y：69
K：0	K：0	K：0

该酒店休息区色彩缤纷的沙发与温柔的吊灯，共同打造出一个个性、时尚的休息空间，给人留下活泼、个性的印象。

色彩点评

- 洋红色、橙色、红色、浅黄色等暖色调色彩搭配，给人明媚、热情的感觉。
- 紫色的吊灯色彩柔和，给人浪漫、温柔的视觉印象。

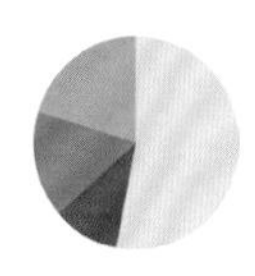

CMYK：11,12,37,0
CMYK：18,94,34,0
CMYK：11,71,84,0
CMYK：22,44,22,0

推荐色彩搭配

C：26	C：36	C：1
M：37	M：73	M：15
Y：4	Y：29	Y：37
K：0	K：0	K：0

C：0	C：6	C：8
M：27	M：87	M：0
Y：32	Y：33	Y：86
K：0	K：0	K：0

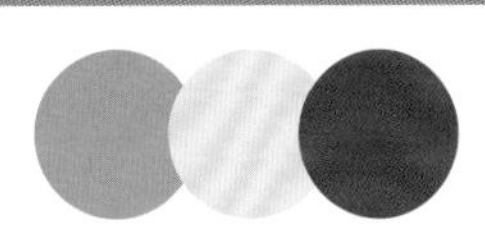

C：0	C：2	C：15
M：53	M：11	M：96
Y：51	Y：37	Y：24
K：0	K：0	K：0

6.9 餐饮区

餐饮区既是满足顾客饮食需求的场所，也是为人们提供享受美食与生活的场所。餐饮是餐饮区最基本的功能。除此之外，休闲娱乐也是其重要功能，如表演、背景墙、音乐等要素，以及各种聚会、宴会、活动、交流等。

色彩调性：华丽、纯净、淡雅、俏皮、美味、清新。

常用主题色：

CMYK：26,97,100,0

CMYK：0,0,0,0

CMYK：28,18,0,0

CMYK：5,70,23,0

CMYK：6,52,91,0

CMYK：54,0,92,0

常用色彩搭配

CMYK：26,97,100,0
CMYK：6,52,91,0

红色与柿色搭配，形成邻近色的暖色，给人美味、温暖的感觉。

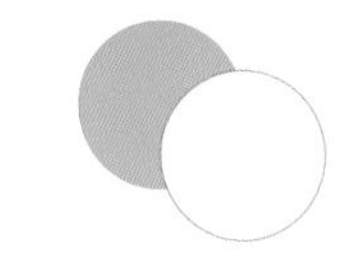
CMYK：54,0,92,0
CMYK：0,0,0,0

绿色与白色搭配，可以打造自然、纯净、清爽的视觉效果。

CMYK：28,18,0,0
CMYK：5,70,23,0

淡紫色与粉色搭配，形成浪漫、柔美的视觉效果。

CMYK：5,34,58,0
CMYK：7,65,41,0

山茶粉与淡橘黄搭配，作为甜品店的配色，给人活泼、甜蜜的感觉。

配色速查

清凉

CMYK：51,0,27,0
CMYK：3,2,2,0
CMYK：93,88,89,80

低沉

CMYK：26,96,100,0
CMYK：12,21,20,0
CMYK：93,88,89,80

美味

CMYK：16,85,10,0
CMYK：7,0,48,0
CMYK：0,59,82,0

素净

CMYK：41,17,61,0
CMYK：0,0,0,0
CMYK：72,74,91,54

该咖啡厅的座位采用开放式包厢设计方式，给人通透、放松的感觉，可以让人更好地享受食物。

色彩点评

- 橘色沙发与浅橙色的天花板形成纯度对比，增强了色彩的层次感，给人温馨的感觉。
- 橄榄绿作为辅助色，搭配橙色调色彩，增强了画面的复古与文艺感。

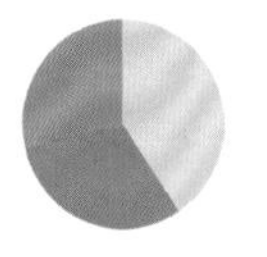

CMYK：9,23,22,0
CMYK：29,58,62,0
CMYK：57,36,73,0

推荐色彩搭配

C：9 M：14 Y：30 K：0
C：0 M：55 Y：56 K：0
C：84 M：45 Y：61 K：2

C：59 M：21 Y：54 K：0
C：0 M：27 Y：32 K：0
C：28 M：76 Y：91 K：0

C：38 M：78 Y：85 K：2
C：1 M：15 Y：37 K：0
C：15 M：41 Y：67 K：0

该冰激凌店的陈设以甜美、优雅为主，座位摆放与柜台的位置形成有序、宽敞的视觉效果，给人干净、淡雅的感觉。

色彩点评

- 白色作为空间主色，符合商业空间的主题，更显洁净、清新。
- 热粉色作为辅助色，呈现出柔美、活泼的视觉效果。

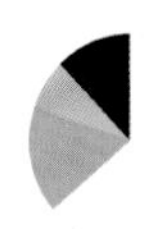

CMYK：1,2,0,0
CMYK：8,50,34,0
CMYK：35,31,8,0
CMYK：90,88,87,78

推荐色彩搭配

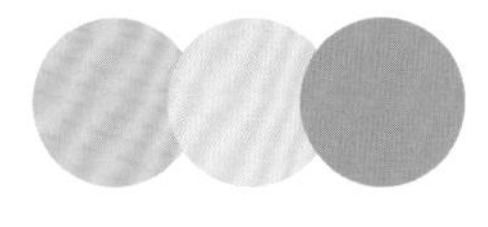

C：0 M：31 Y：9 K：0
C：10 M：13 Y：19 K：0
C：0 M：53 Y：51 K：0

C：13 M：29 Y：0 K：0
C：52 M：6 Y：12 K：0
C：11 M：30 Y：34 K：0

C：64 M：66 Y：0 K：0
C：93 M：88 Y：89 K：80
C：0 M：19 Y：15 K：0

6.10 走廊

走廊是通行区域的一种通道，是商业空间各个区域联系的重要纽带。走廊的设计往往会带给人们不同的环境体验。

色彩调性： 含蓄、古韵、自然、自由、温馨、内敛。

常用主题色：

CMYK：63,42,84,1

CMYK：49,41,38,0

CMYK：87,83,82,72

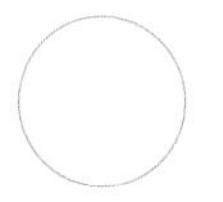
CMYK：0,0,0,0

CMYK：17,16,44,0

CMYK：54,91,100,41

常用色彩搭配

CMYK：63,42,84,1
CMYK：49,41,38,0

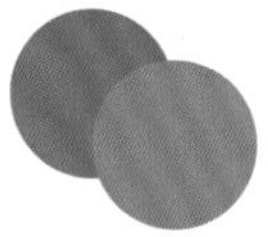

竹叶绿色与灰色搭配，可以营造出静谧、安宁的环境氛围。

CMYK：87,83,82,72
CMYK：54,91,100,41

黑色与红褐色两种低明度色彩搭配，可以营造出昏暗、安静的环境氛围。

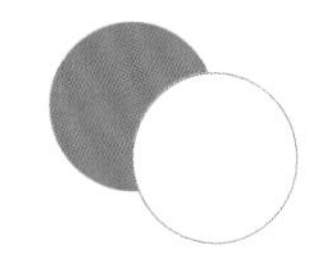
CMYK：49,41,38,0
CMYK：0,0,0,0

中灰色与白色搭配，可以形成洁净、简约的空间风格。

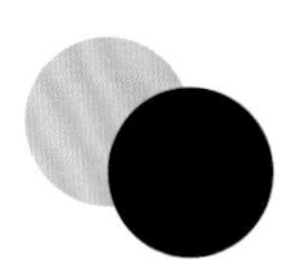
CMYK：17,16,44,0
CMYK：87,83,82,72

黑色与沙色搭配，可使整个空间的格调更加温柔、大气。

配色速查

温柔

CMYK：1,1,1,0
CMYK：7,22,40,0
CMYK：59,50,48,0

神秘

CMYK：9,28,45,0
CMYK：100,100,56,6
CMYK：90,85,87,76

朦胧

CMYK：57,11,49,0
CMYK：26,18,17,0
CMYK：61,35,36,0

简单

CMYK：71,63,61,14
CMYK：8,6,5,0
CMYK：88,84,84,74

该马赛克图案的地毯使电梯廊道更具设计感与时尚感，给人与众不同、独特、个性的视觉印象。

色彩点评

- 白色墙体可使消费者产生清爽、一尘不染的最初印象。
- 宝蓝色、棕色、黑色、玫红色等色彩搭配，形成绚丽、丰富的视觉效果。

CMYK：1,1,1,0
CMYK：13,79,34,0
CMYK：100,100,56,13
CMYK：16,15,86,0
CMYK：81,79,75,58

推荐色彩搭配

C：1 M：46 Y：15 K：0
C：38 M：78 Y：85 K：2
C：0 M：0 Y：0 K：0

C：4 M：13 Y：15 K：0
C：87 M：90 Y：24 K：0
C：40 M：66 Y：73 K：1

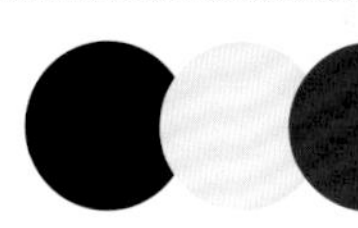

C：93 M：88 Y：89 K：80
C：5 M：6 Y：33 K：0
C：100 M：90 Y：28 K：0

该酒店走廊的墙面植物图案与地面的不规则色块、几何图案相互呼应，形成复古、文艺的风格，凸显出独特的酒店风格。

色彩点评

- 浅米色墙面营造出温馨、舒适、和煦的空间氛围。
- 灰色植物与灰绿色房门色彩纯度较低，更显复古格调。

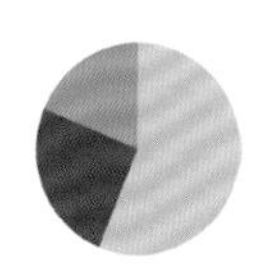

CMYK：16,25,42,0
CMYK：69,66,76,28
CMYK：61,27,52,0

推荐色彩搭配

C：4 M：13 Y：15 K：0
C：59 M：21 Y：54 K：0
C：77 M：67 Y：49 K：7

C：43 M：40 Y：38 K：0
C：73 M：55 Y：31 K：0
C：8 M：24 Y：36 K：0

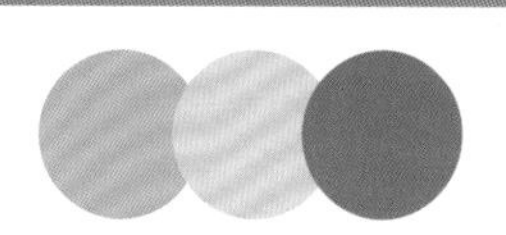

C：51 M：9 Y：27 K：0
C：11 M：15 Y：49 K：0
C：58 M：49 Y：42 K：0

6.11 室外空间

室外空间包括户外酒店、户外娱乐区、户外休息区、户外商业空间、户外餐饮区等。与室内空间不同，室外空间视野开阔、流通性强，人员往来流动性大。

色彩调性：成熟、安静、庄重、柔美、优雅、明快。

常用主题色：

CMYK：91,67,2,0

CMYK：77,33,100,0

CMYK：53,71,100,20

CMYK：18,23,32,0

CMYK：3,44,14,0

CMYK：23,0,86,0

常用色彩搭配

CMYK：4,80,31,0
CMYK：61,63,69,13

洋红与灰棕色搭配，给人复古、温柔的感觉。

CMYK：77,33,100,0
CMYK：53,71,100,20

绿色与棕色搭配，可让人联想到空气清新的户外，给人惬意、舒适的感觉。

CMYK：18,23,32,0
CMYK：3,44,14,0

奶咖色与粉色搭配，形成温柔、优雅的调性。

CMYK：23,0,86,0
CMYK：91,67,2,0

黄绿色与深蓝色对比鲜明，色彩饱满，极具吸引力。

配色速查

鲜活

CMYK：13,16,88,0
CMYK：53,14,100,0
CMYK：18,93,94,0

盎然

CMYK：8,18,22,0
CMYK：76,12,54,0
CMYK：42,16,94,0

内敛

CMYK：4,25,0,0
CMYK：40,37,34,0
CMYK：52,70,88,15

朴素

CMYK：31,42,60,0
CMYK：37,8,13,0
CMYK：76,37,97,1

该酒店的室外空间以棕榈叶形状的陈设作为装饰物，与生机盎然的棕榈树相互呼应，极具趣味性与设计感。

色彩点评

- 洋红色地毯与淡粉色装饰物形成同类色搭配，给人甜美、热情的感觉。
- 白色建筑色彩明亮、洁净，给人清爽、干净的印象。

CMYK：0,0,0,0
CMYK：21,76,0,0
CMYK：2,68,14,0
CMYK：56,25,100,0

推荐色彩搭配

C：15	C：0	C：75
M：96	M：21	M：26
Y：24	Y：23	Y：21
K：0	K：0	K：0

C：6	C：0	C：88
M：87	M：31	M：49
Y：33	Y：9	Y：100
K：0	K：0	K：15

C：5	C：30	C：13
M：25	M：9	M：97
Y：8	Y：83	Y：84
K：0	K：0	K：0

该户外休息区通过围栏与屋顶的设计形成独立的休息空间，可为消费者提供惬意、悠闲、舒适的休憩场所。

色彩点评

- 浅米色作为休息区主色，给人柔和、温馨的感觉。
- 休息区在绿色植物的衬托下，更具自然、清新、通透的气息。

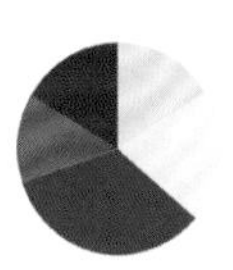

CMYK：7,14,16,0
CMYK：7,5,5,0
CMYK：86,56,100,30
CMYK：33,78,100,0
CMYK：78,72,69,39

推荐色彩搭配

C：72	C：24	C：11
M：47	M：53	M：15
Y：80	Y：91	Y：49
K：6	K：0	K：0

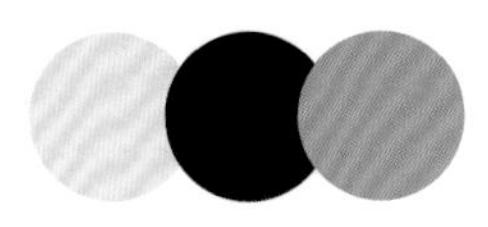

C：1	C：93	C：59
M：15	M：88	M：21
Y：37	Y：89	Y：54
K：0	K：80	K：0

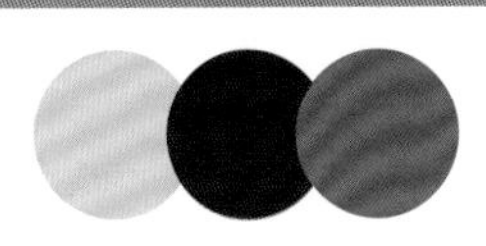

C：15	C：63	C：28
M：18	M：93	M：76
Y：39	Y：76	Y：91
K：0	K：50	K：0

6.12 公共陈设区

公共陈设区是指公共共享、共有的活动区域，例如大堂、休息区、餐厅、洗手间、走廊、电梯等不同区域。

色彩调性：清淡、深邃、复古、干净、甜蜜、内敛。

常用主题色：

CMYK：53,0,69,0

CMYK：98,85,0,0

CMYK：38,81,100,3

CMYK：0,0,0,0

CMYK：0,48,35,0

CMYK：20,16,18,0

常用色彩搭配

CMYK：43,2,47,0
CMYK：38,81,100,3
奶绿色与琥珀色搭配，可以营造出自然、原始的空间氛围。

CMYK：20,16,18,0
CMYK：0,48,35,0
蜜桃粉与亮灰色搭配，给人温柔、淡雅的感觉。

CMYK：100,91,4,0
CMYK：2,1,1,0
白色与宝石蓝搭配，可以塑造极简的装修风格。

CMYK：60,84,100,50
CMYK：7,50,62,0
巧克力色与浅橘色形成暖色调搭配，给人复古、大气的感觉。

配色速查

悠闲

CMYK：77,16,53,0
CMYK：26,23,22,0
CMYK：59,80,89,42

寂静

CMYK：100,100,54,6
CMYK：24,17,16,0
CMYK：93,67,40,2

温柔

CMYK：7,42,13,0
CMYK：74,67,60,17
CMYK：4,26,27,0

自然

CMYK：63,18,100,0
CMYK：0,13,24,0
CMYK：79,72,73,44

该大厅中玻璃展示柜台的树木贴画展现出一种装置艺术的美感，极具自然、雅致的韵味。

色彩点评

- 灰色作为空间主色，给人含蓄、质朴的感觉。
- 深棕色树干与干枯的琥珀色树叶以及鲜活的绿色树叶相搭配，使画面更显真实、形象。

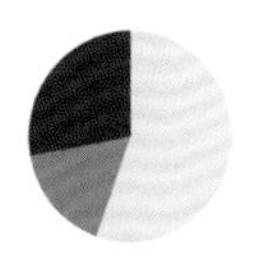

CMYK：14,11,10,0
CMYK：22,62,85,0
CMYK：70,74,87,50

推荐色彩搭配

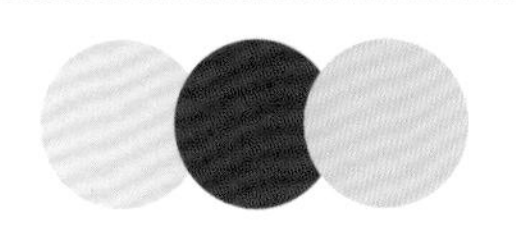

C：8　M：13　Y：8　K：0
C：58　M：71　Y：100　K：27
C：19　M：5　Y：52　K：0

C：62　M：59　Y：58　K：5
C：13　M：61　Y：97　K：0
C：37　M：0　Y：72　K：0

C：15　M：3　Y：72　K：0
C：29　M：70　Y：100　K：0
C：53　M：48　Y：44　K：0

该咖啡厅墙面的蔷薇装饰给人优雅、浪漫的感觉，仿佛充满馥郁、清甜的花香，给人留下甜蜜、清新的印象。

色彩点评

- 粉色蔷薇与淡粉色沙发相互呼应，更显清新、活泼、甜美。
- 灰绿色座椅与大理石设施呈现出简约、清爽的视觉效果。

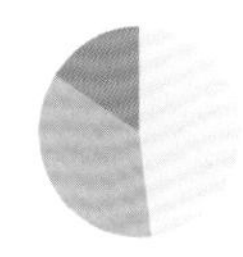

CMYK：8,6,5,0
CMYK：5,39,1,0
CMYK：64,26,56,0

推荐色彩搭配

C：0　M：19　Y：15　K：0
C：39　M：12　Y：45　K：0
C：16　M：48　Y：86　K：0

C：3　M：70　Y：0　K：0
C：59　M：21　Y：54　K：0
C：93　M：88　Y：89　K：80

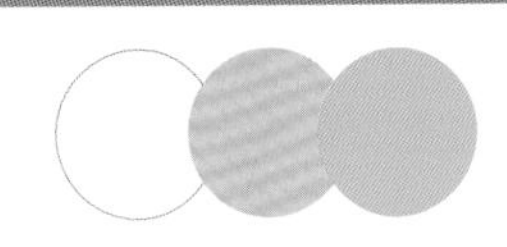

C：0　M：0　Y：0　K：0
C：0　M：31　Y：9　K：0
C：52　M：0　Y：24　K：0

第7章

商业空间中的软装饰与陈设设计

商业空间中的软装陈设可以更好地服务于消费者。根据不同的服务场所，合理地运用装饰元素与展示形式，在营造合适的空间氛围的同时，还可以提升商业空间的整体内涵与格调。

7.1 商业空间中的软装饰设计

商业空间中的软装饰包括大堂软装、办公室软装、商场软装、餐饮区软装等；装饰元素包括灯饰、窗帘、织物、挂画、饰品、绿植等。

特点：

- 装饰性与功能性并存；
- 突出主题；
- 美化空间环境、渲染气氛；
- 促进消费。

7.1.1 灯饰

灯饰对于商业环境的渲染作用不可忽视，灯光不仅是单纯的照明工具，而且是灯、光、影、形的整合。艺术化的灯光渲染可以更好地烘托环境氛围、凸显主题，使商业空间更具亲和力与吸引力。

色彩调性：明亮、清爽、温馨、和煦、明媚、富丽。

常用主题色：

CMYK：0,0,0,0

CMYK：90,73,0,0

CMYK：8,21,36,0

CMYK：9,14,88,0

CMYK：31,0,7,0

CMYK：6,7,24,0

常用色彩搭配

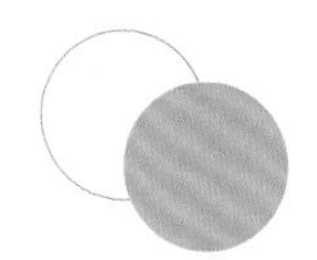

CMYK：2,2,4,0
CMYK：15,32,41,0

白色灯光搭配杏黄色空间背景，可以营造出温馨、柔和的空间氛围。

CMYK：100,98,48,0
CMYK：20,32,67,0

金色与酞蓝色搭配，打造神秘、尊贵、高端的商业空间。

CMYK：8,7,30,0
CMYK：33,63,23,0

奶黄色与霓虹紫搭配，可使空间充满娇美、温柔、优雅的气息。

CMYK：33,11,2,0
CMYK：13,15,17,0

冰蓝色与乳褐色两种轻柔色彩搭配，给人文雅、纯净的视觉印象。

配色速查

雅致

CMYK：100,99,38,0
CMYK：0,0,0,0
CMYK：28,29,35,0

空灵

CMYK：3,6,14,0
CMYK：37,38,0,0
CMYK：52,23,99,0

浓烈

CMYK：18,12,9,0
CMYK：45,100,90,14
CMYK：48,67,76,7

活力

CMYK：5,13,34,0
CMYK：8,57,85,0
CMYK：73,45,31,0

该餐厅用吊灯与融化的巧克力设计造型装饰墙面，给人以灵动、可爱的感觉，留下妙趣横生的印象。

CMYK：6,4,4,0
CMYK：21,15,18,0
CMYK：67,71,72,32
CMYK：93,88,89,80

色彩点评

- 黑褐色墙面与桌椅在餐厅环境下，令人产生巧克力的联想，充满醇厚、美味的气息。
- 白色灯具与浅灰色墙面带来简约、纯净的感觉，使空间更加明亮。

推荐色彩搭配

C：70	C：12	C：65
M：76	M：16	M：54
Y：79	Y：21	Y：45
K：49	K：0	K：0

C：9	C：41	C：79
M：12	M：44	M：84
Y：21	Y：45	Y：84
K：0	K：0	K：70

C：6	C：56	C：15
M：0	M：67	M：26
Y：8	Y：68	Y：39
K：0	K：11	K：0

悬挂的灯具与绿植、地面、墙面的线条形成呼应，呈现出流畅、舒展、开阔的效果，令人赏心悦目。

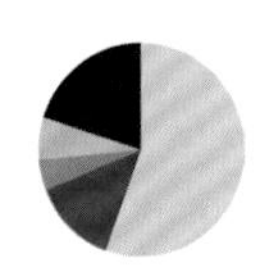

CMYK：21,22,23,0
CMYK：97,79,8,0
CMYK：56,44,100,1
CMYK：22,31,71,0
CMYK：86,84,85,74

色彩点评

- 浅米色作为酒店大堂主色，可以营造出温馨、亲切的空间氛围。
- 宝蓝色的灯饰色彩深沉、典雅，令人联想到深邃的大海，充满清凉的气息。
- 绿植的摆放使空间气氛更加通透、轻松，给人清新、悠闲的印象。

推荐色彩搭配

C：7	C：84	C：55
M：13	M：65	M：48
Y：33	Y：22	Y：39
K：0	K：0	K：0

C：87	C：54	C：13
M：73	M：76	M：28
Y：0	Y：91	Y：76
K：0	K：25	K：0

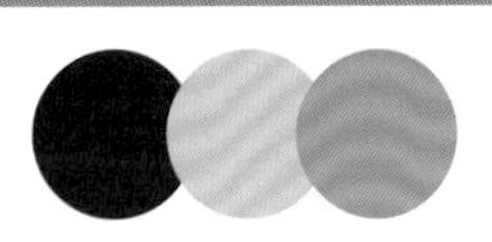

C：100	C：18	C：69
M：99	M：21	M：20
Y：39	Y：29	Y：0
K：0	K：0	K：0

规格不一的圆形灯饰与镜子打破了对称、均衡的店铺设计，给人以新颖、活泼、耳目一新的感受。

色彩点评

- 蜜桃色与粉色形成邻近色搭配，使整个餐厅呈粉色调，给人甜蜜、俏皮的感觉。
- 幼蓝色与白色作为点缀色，为空间增添了浪漫、空灵的气息。

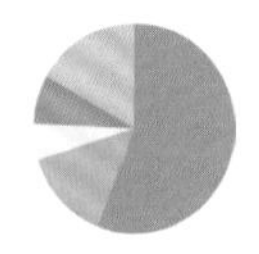

CMYK：14,54,17,0
CMYK：2,44,22,0
CMYK：2,7,0,0
CMYK：53,37,0,0
CMYK：23,26,0,0

推荐色彩搭配

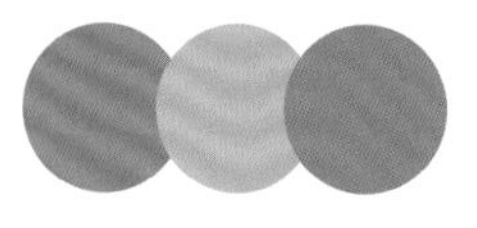

C：22	C：20	C：53
M：61	M：32	M：48
Y：10	Y：26	Y：14
K：0	K：0	K：0

C：18	C：12	C：66
M：44	M：51	M：23
Y：25	Y：48	Y：33
K：0	K：0	K：0

C：17	C：67	C：34
M：36	M：57	M：0
Y：0	Y：0	Y：9
K：0	K：0	K：0

独特造型的灯具作为照明工具的同时也作为装饰物，可为大气、庄重的商业空间增添个性、生趣，增强其设计感与艺术性。

色彩点评

- 淡灰色天花板与炭灰色沙发、地面形成富有层次感的灰色调搭配，呈现出简单、大气的商务风格。
- 深驼色的墙面明度较低，色彩深沉、沉稳，与整体空间调性相符。

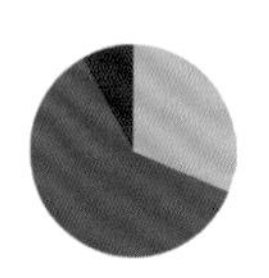

CMYK：34,27,26,0
CMYK：73,64,58,12
CMYK：52,68,98,15
CMYK：67,77,82,48

推荐色彩搭配

C：7	C：20	C：58
M：8	M：15	M：48
Y：17	Y：14	Y：47
K：0	K：0	K：0

C：76	C：100	C：23
M：66	M：92	M：21
Y：50	Y：33	Y：18
K：7	K：0	K：0

C：52	C：58	C：88
M：19	M：46	M：80
Y：100	Y：35	Y：69
K：0	K：0	K：51

7.1.2 窗帘

窗帘作为商业空间装饰品之一，具有分隔空间与装饰空间的作用；根据材料、色彩以及造型的不同，窗帘可以营造不同的空间氛围，增强空间的审美意趣与内涵格调。

色彩调性：灵动、飘逸、自然、质朴、随性、华贵。

常用主题色：

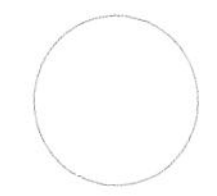
CMYK：0,0,0,0

CMYK：28,22,21,0

CMYK：58,48,87,3

CMYK：82,32,63,0

CMYK：39,100,100,4

CMYK：14,12,43,0

常用色彩搭配

CMYK：81,33,44,0
CMYK：6,19,11,0

青竹色与浅粉色搭配，使空间整体充满清新、典雅的气息。

CMYK：43,100,100,11
CMYK：16,18,19,0

米灰色中和了深绯色的浓烈、刺激，更好地诠释了空间庄重、高贵的格调。

CMYK：6,5,5,0
CMYK：62,52,33,0

铅白色与荒原蓝搭配，打造出极简的北欧风格。

CMYK：60,49,95,4
CMYK：39,47,58,0

苔绿色搭配深黄褐色，整个空间色彩明度较低，给人端庄、复古、含蓄的感觉。

配色速查

庄重

CMYK：51,89,91,28
CMYK：16,16,17,0
CMYK：79,73,70,41

幻境

CMYK：53,8,26,0
CMYK：2,1,1,0
CMYK：39,29,26,0

镇静

CMYK：21,34,34,0
CMYK：11,8,14,0
CMYK：79,66,41,2

纯粹

CMYK：13,9,28,0
CMYK：35,14,68,0
CMYK：86,49,69,7

婚纱店的灯光营造出圣洁无瑕、梦幻庄重的空间氛围，表面光洁的绸制窗帘极具高级质感，突出了礼服优雅、古典、高贵的特点。

色彩点评

- 浓酒红色的窗帘散发出耐人寻味的神秘、传统、典雅的气息。
- 空间中灰棕色与浓酒红色形成纯度对比，更加凸显窗帘色彩的浓烈，视觉吸引力较强。

CMYK：6,7,7,0
CMYK：49,92,65,10
CMYK：51,48,55,0

推荐色彩搭配

C：45	C：16	C：38
M：94	M：34	M：60
Y：70	Y：47	Y：79
K：8	K：0	K：0

C：5	C：14	C：10
M：87	M：4	M：25
Y：67	Y：2	Y：65
K：0	K：0	K：0

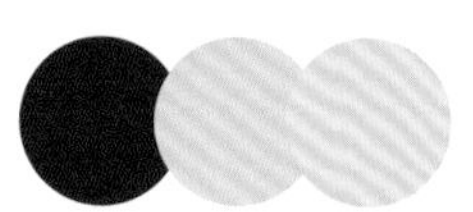

C：44	C：16	C：4
M：100	M：13	M：16
Y：100	Y：13	Y：23
K：12	K：0	K：0

该洽谈室的窗帘与墙面浑然一体，给人协调、统一的感觉，既保证了空间的私密性，又为空间增添了轻柔、灵动的气息。大幅的黑白照片墙，给人一种雅致、格调的感受。

色彩点评

- 灰色作为洽谈室的主色调，呈现出严肃、简洁、清晰明了的视觉效果。
- 红茶色座椅色彩沉稳、大方，给人一种信赖、安心的感觉。
- 以绿植装点空间，使其充满生机，整个空间氛围更加丰富、鲜活、通透。

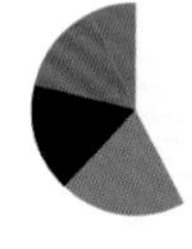

CMYK：7,2,4,0
CMYK：62,52,49,0
CMYK：89,84,85,75
CMYK：43,71,77,4
CMYK：78,49,75,8

推荐色彩搭配

C：51	C：13	C：29
M：84	M：6	M：31
Y：89	Y：11	Y：50
K：25	K：0	K：0

C：73	C：44	C：62
M：27	M：64	M：55
Y：85	Y：84	Y：55
K：0	K：4	K：2

C：24	C：50	C：31
M：16	M：39	M：62
Y：11	Y：78	Y：91
K：0	K：0	K：0

该餐厅在自然光下呈现出洁净、一尘不染的效果，白色亚麻窗帘的设计增添了飘逸、灵动、轻柔的气息，给人梦幻、空灵的印象。

色彩点评

- 白色的窗帘给人干净、无瑕的感觉，更显餐厅优雅、大方的内涵。
- 深褐色与沙青色色彩饱满、深沉，与白色形成鲜明的明度对比，增强了空间的视觉吸引力。

CMYK：4,3,2,0
CMYK：89,73,62,30
CMYK：76,73,68,36
CMYK：1,14,20,0

推荐色彩搭配

C：5	C：51	C：61
M：3	M：58	M：39
Y：2	Y：62	Y：32
K：0	K：2	K：0

C：96	C：15	C：48
M：75	M：12	M：81
Y：38	Y：11	Y：69
K：2	K：0	K：9

C：95	C：14	C：46
M：78	M：21	M：65
Y：53	Y：27	Y：89
K：20	K：0	K：6

该珠宝专卖店的灯饰与窗帘作为装饰物，打造出清新、素雅、浪漫的店铺风格，使珠宝更具优雅、高贵格调。

色彩点评

- 经典的蒂芙尼蓝色窗帘色彩清爽、典雅，诠释出灵动、梦幻的风格。
- 灰色含蓄、内敛，与碧蓝色搭配，使整个空间更显高端、典雅。

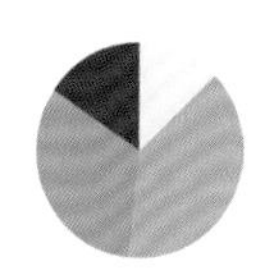

CMYK：5,4,4,0
CMYK：37,30,29,0
CMYK：57,27,30,0
CMYK：62,76,84,38

推荐色彩搭配

C：43	C：9	C：33
M：2	M：15	M：27
Y：15	Y：16	Y：17
K：0	K：0	K：0

C：36	C：10	C：80
M：9	M：11	M：66
Y：13	Y：15	Y：44
K：0	K：0	K：3

C：55	C：14	C：9
M：17	M：26	M：7
Y：26	Y：22	Y：7
K：0	K：0	K：0

7.1.3 织物

色彩协调、质地柔软的织物装饰可以更好地赢得消费者的好感，打造灵动、鲜活的空间风格，为消费者提供一个惬意、悠闲的环境。

色彩调性：简单、温柔、热情、温暖、大气、典雅。

常用主题色：

CMYK：0,0,0,0 CMYK：29,28,34,0 CMYK：33,82,100,1 CMYK：12,25,88,0 CMYK：77,59,38,0 CMYK：100,95,22,0

常用色彩搭配

CMYK：77,49,31,0
CMYK：100,95,22,0

靛蓝色与深蓝色形成富有层次感的邻近色搭配，打造出深邃、大气的商业空间。

CMYK：22,36,96,0
CMYK：5,7,6,0

万寿菊黄与白色两种明度较高色彩搭配，使空间氛围更加明快、鲜活。

CMYK：26,62,97,0
CMYK：23,11,10,0

酱橙色与淡蓝色形成一浓一淡的色彩搭配，加强了空间色彩的冲突性，增强了空间色彩的视觉冲击力。

CMYK：15,95,100,0
CMYK：30,35,54,0

绯红色与黄橡色搭配，形成暖色调空间，打造火热、复古的风格。

配色速查

古典

CMYK：4,4,4,0
CMYK：86,51,23,0
CMYK：29,35,47,0

优雅

CMYK：10,20,75,0
CMYK：40,50,0,0
CMYK：76,78,93,64

复古

CMYK：33,82,100,1
CMYK：31,24,22,0
CMYK：8,9,24,0

通透

CMYK：100,93,21,0
CMYK：43,25,19,0
CMYK：7,11,13,0

渐变色绒布地毯可以减轻休息区的沉闷、平淡感，增添生活情趣，具有较强的设计感与艺术性。

色彩点评

- 由墨蓝色渐变为蓝灰色的地毯营造出旋涡般的视觉效果，增强了画面的动感。
- 灰色调的空间背景营造出安静、庄重的空间气氛。
- 金雀花黄的藤椅与地毯形成强烈的对比色对比，具有强烈的视觉冲击力。

CMYK：13,6,4,0
CMYK：80,68,63,25
CMYK：96,85,58,32
CMYK：41,21,23,0
CMYK：17,14,39,0

推荐色彩搭配

C：97 M：88 Y：38 K：4
C：79 M：72 Y：65 K：32
C：43 M：12 Y：1 K：0

C：52 M：33 Y：18 K：0
C：94 M：77 Y：49 K：13
C：13 M：11 Y：18 K：0

C：46 M：21 Y：11 K：0
C：89 M：72 Y：36 K：1
C：24 M：45 Y：63 K：0

该空间天花板悬挂的饰品与抱枕、地毯的波浪花纹相互衬托，令人联想到广阔、深邃的大海，产生身临其境般的感觉，整个空间洋溢着清凉、典雅的气息。

色彩点评

- 深蓝色作为空间主色调，营造出清爽、优雅、冷静的空间氛围。
- 亮灰色与白色作为辅助色，与深蓝色搭配，使空间色彩极为统一、和谐。

CMYK：9,5,4,0
CMYK：96,85,37,3
CMYK：63,13,20,0
CMYK：66,58,49,2

推荐色彩搭配

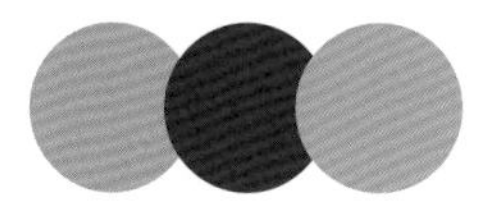

C：29 M：34 Y：68 K：0
C：100 M：86 Y：0 K：0
C：61 M：16 Y：13 K：0 

C：86 M：60 Y：0 K：0
C：4 M：1 Y：2 K：0
C：79 M：67 Y：39 K：1

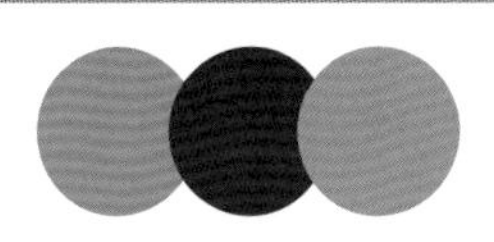

C：75 M：28 Y：0 K：0
C：99 M：82 Y：50 K：17
C：43 M：39 Y：26 K：0

个性、新颖的吊灯与鲜艳色彩的抱枕具有较强的装饰性，使该旅馆空间更具特色，给人时尚、活泼的感觉。

色彩点评

- 黑灰色天花板与桌椅色彩相互呼应，空间整体色彩较为和谐。
- 暖色调的深黄褐色地面与灯饰呈现出质朴、自然的视觉效果，增强了商业空间的亲和力。
- 洋红色、亮橙色、天蓝色的抱枕色彩饱满、浓烈，是空间中的一抹亮色。

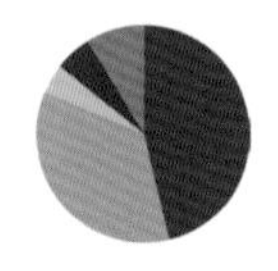

CMYK：78,72,64,29
CMYK：32,42,54,0
CMYK：60,4,10,0
CMYK：39,100,43,0
CMYK：19,65,100,0

推荐色彩搭配

C：96	C：35	C：39
M：90	M：97	M：51
Y：78	Y：100	Y：64
K：71	K：2	K：0

C：77	C：9	C：40
M：67	M：20	M：72
Y：58	Y：46	Y：77
K：17	K：0	K：2

C：39	C：65	C：20
M：100	M：76	M：38
Y：82	Y：62	Y：50
K：4	K：22	K：0

灯罩与移动沙发的花叶图案与绿植相互呼应，呈现出灵动、自然的视觉效果，营造出浪漫、典雅、清新的空间氛围。

色彩点评

- 白色作为空间主色，使整个空间更显明亮、简约、洁净。
- 宝石蓝作为辅助色搭配白色，营造出典雅、大气、高端的空间氛围。

CMYK：3,3,3,0
CMYK：90,79,34,1
CMYK：89,84,31,0
CMYK：76,44,100,4
CMYK：87,84,81,71

推荐色彩搭配

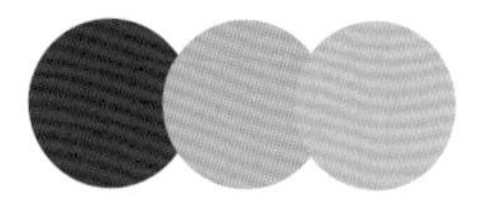

C：81	C：35	C：13
M：81	M：22	M：27
Y：3	Y：12	Y：26
K：0	K：0	K：0

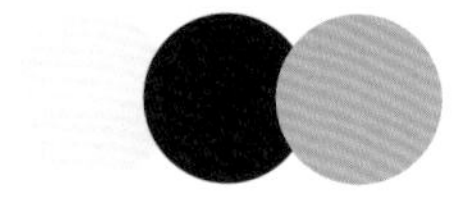

C：4	C：100	C：12
M：3	M：96	M：30
Y：2	Y：52	Y：63
K：0	K：8	K：0

C：31	C：100	C：63
M：13	M：89	M：46
Y：44	Y：0	Y：0
K：0	K：0	K：0

7.1.4 挂画

挂画也是空间的一种装饰品，可以体现出空间的装修风格与个人的审美情趣。一幅精致、美观的挂画可以很好地装点空间，增强空间的艺术感染力。

色彩调性：简洁、优雅、浪漫、清新、活泼、灵动。

常用主题色：

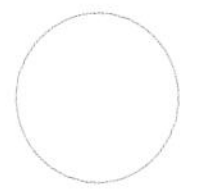
CMYK：0,0,0,0

CMYK：13,46,40,0

CMYK：62,16,7,0

CMYK：16,8,59,0

CMYK：93,88,89,80

CMYK：79,51,78,11

常用色彩搭配

CMYK：3,7,10,0
CMYK：65,50,55,1

米白色与暗苔绿搭配，给人含蓄、内敛、温和的感觉。

CMYK：97,78,43,6
CMYK：36,100,100,2

海蓝色与绯红色两种高饱和度色彩搭配，形成浓烈、饱满、醒目的视觉效果。

CMYK：15,26,34,0
CMYK：10,84,100,0

米色与红柿色搭配，形成暖色调，营造出美味、兴奋的空间氛围。

CMYK：17,12,51,0
CMYK：50,4,12,0

水蓝色与浅黄色形成冷暖对比，可让人联想到惬意的夏日，给人留下清新、活泼的印象。

配色速查

随性

CMYK：74,61,44,2
CMYK：15,12,8,0
CMYK：38,15,71,0

低调

CMYK：48,63,83,5
CMYK：16,18,30,0
CMYK：95,77,10,0

浪漫

CMYK：13,26,4,0
CMYK：8,15,32,0
CMYK：58,51,0,0

俏皮

CMYK：0,30,12,0
CMYK：8,5,9,0
CMYK：37,6,17,0

该墙面挂画以水果图案居多，洋溢着一股清凉的气息，具有较强的装饰作用，使餐厅气氛更加悠闲，令人心旷神怡。

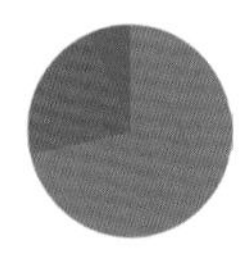

CMYK：39,60,56,0
CMYK：53,61,75,7
CMYK：82,60,2,0

色彩点评

- 古陶色作为餐厅空间的主色调，给人浪漫、艳丽、甜蜜的感觉。
- 蓝色挂画图案与主色调形成冷暖对比，丰富了空间的色彩层次感。

推荐色彩搭配

C：30	C：19	C：7
M：71	M：12	M：25
Y：73	Y：30	Y：48
K：0	K：0	K：0

C：31	C：7	C：63
M：51	M：18	M：49
Y：55	Y：18	Y：73
K：0	K：0	K：4

C：50	C：10	C：31
M：17	M：17	M：49
Y：10	Y：22	Y：37
K：0	K：0	K：0

以大胆夸张的几何图案挂画覆盖墙壁，为空旷、单调的旅馆空间增添了活力，具有较强的点缀作用，给人以清新灵动、轻柔通透的视觉感受。

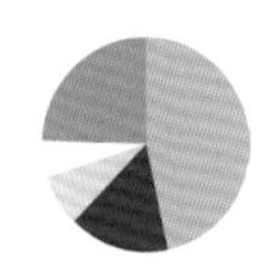

CMYK：47,17,14,0
CMYK：95,85,29,0
CMYK：5,14,64,0
CMYK：0,0,0,0
CMYK：31,47,54,0

色彩点评

- 水蓝色背景与艳蓝色座椅形成具有层次感的同类色搭配，整个空间充满清凉、明快的气息。
- 奶咖色与柠檬黄作为辅助色，与蓝色形成冷暖对比，使空间色彩更加绚丽、活泼。

推荐色彩搭配

C：68	C：22	C：20
M：48	M：5	M：29
Y：13	Y：8	Y：38
K：0	K：0	K：0

C：46	C：76	C：16
M：13	M：31	M：19
Y：32	Y：0	Y：73
K：0	K：0	K：0

C：99	C：13	C：3
M：84	M：42	M：2
Y：28	Y：93	Y：33
K：0	K：0	K：0

该咖啡馆的挂画全部采用生动、形象的户外照片，使顾客犹如置身于幽暗的森林中，放松身心，给人神清气爽的感觉。

色彩点评

- 墨绿色作为咖啡馆主色，色彩深沉、浓重，营造出幽暗、真实、充满自然气息的空间氛围。
- 灰绿色的墙面将挂画衬托得更加突出，极具吸引力。

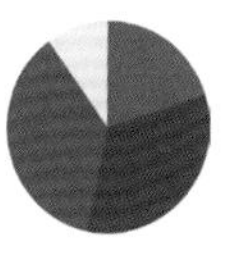

CMYK：70,55,97,17
CMYK：78,62,81,31
CMYK：74,63,59,13
CMYK：15,7,8,0

推荐色彩搭配

C：44	C：80	C：69
M：10	M：67	M：87
Y：94	Y：100	Y：71
K：0	K：52	K：50

C：69	C：51	C：52
M：60	M：58	M：22
Y：100	Y：69	Y：32
K：25	K：3	K：0

C：77	C：35	C：88
M：61	M：16	M：60
Y：68	Y：51	Y：66
K：20	K：0	K：21

该咖啡馆墙面悬挂的人物图案挂画，活跃了空间气氛，在复古、简约的画面中运用少许时尚、个性的设计元素，给人留下别具一格、充满神采的视觉印象。

色彩点评

- 白色与红棕色作为空间主色进行搭配，使空间呈现出复古、简约、朴实的视觉效果。
- 挂画图案采用亮红色、橘黄色、深青色进行搭配，给人鲜活、绚丽、悠闲的感觉。

CMYK：2,2,2,0
CMYK：53,81,99,29
CMYK：41,23,10,0
CMYK：1,93,87,0
CMYK：4,27,89,0
CMYK：94,73,0,0

推荐色彩搭配

C：57	C：13	C：1
M：65	M：15	M：68
Y：77	Y：31	Y：62
K：14	K：0	K：0

C：6	C：14	C：26
M：22	M：10	M：100
Y：88	Y：9	Y：56
K：0	K：0	K：0

C：92	C：0	C：41
M：90	M：2	M：77
Y：0	Y：1	Y：100
K：0	K：0	K：5

7.1.5 饰品

商业空间中的装饰品应该起到烘托主题、装点空间的作用，在整体环境中，具有画龙点睛的作用。

色彩调性： 洁净、含蓄、典雅、浪漫、柔美、鲜活。

常用主题色：

CMYK：0,0,0,0

CMYK：61,4,32,0

CMYK：53,45,30,0

CMYK：18,20,90,0

CMYK：27,37,0,0

CMYK：4,36,19,0

常用色彩搭配

CMYK：6,11,28,0
CMYK：35,86,67,1

番茄红色彩饱满、成熟，搭配明媚的象牙黄色，极为醒目，给人优雅、大方的感觉。

CMYK：53,72,0,0
CMYK：4,33,28,0

神秘的紫色搭配薄柿色，呈现出典雅、浪漫的视觉效果。

CMYK：53,45,30,0
CMYK：66,20,19,0

罗兰灰与翠蓝色搭配，形成冷色调，使空间充满清凉、古典的气息。

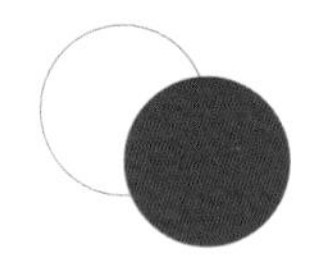
CMYK：0,0,0,0
CMYK：75,55,82,17

白色搭配深绿色，色彩极具生命力，使该空间充满自然气息。

配色速查

慵懒

CMYK：60,29,26,0
CMYK：41,85,91,6
CMYK：13,11,27,0

憧憬

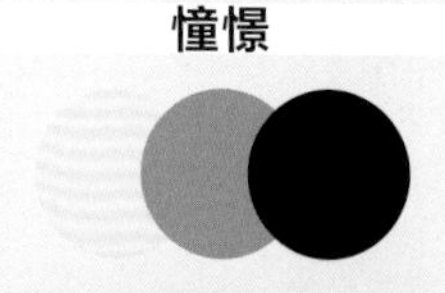

CMYK：8,6,6,0
CMYK：6,50,37,0
CMYK：100,100,54,19

热情

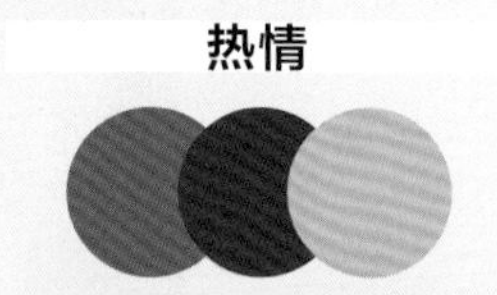

CMYK：52,60,0,0
CMYK：11,93,90,0
CMYK：11,29,9,0

自由

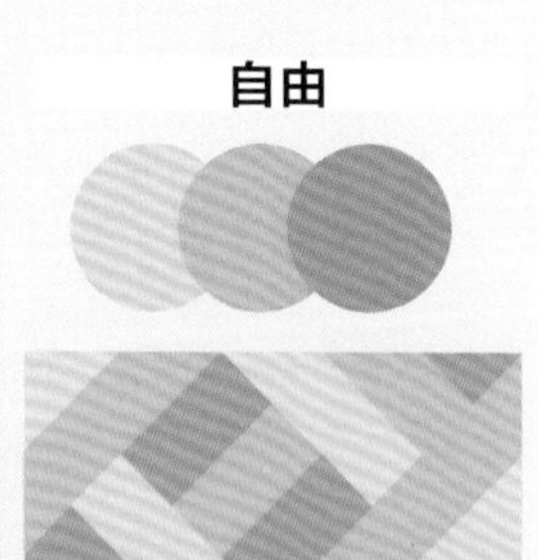
CMYK：5,18,22,0
CMYK：3,28,78,0
CMYK：43,32,0,0

咖啡馆的墙面以不同规格的盘子作为饰品加以装饰，形成独具特色的一隅空间，给人留下生动、有趣的印象。

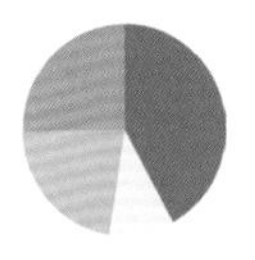

CMYK：63,55,43,0
CMYK：6,4,4,0
CMYK：15,18,89,0
CMYK：62,24,3,0
CMYK：29,40,47,0

色彩点评

- 明黄色和灰色墙面通过色彩被划分为两个空间区域。
- 明黄色的背景与蓝色座垫形成强烈的对比色对比，给人鲜活、醒目的感觉。
- 白色饰品在灰色墙面的衬托下更加突出、明亮，在瞬间可以吸引消费者的注意力。

推荐色彩搭配

C：6	C：22	C：71
M：21	M：19	M：21
Y：63	Y：17	Y：35
K：0	K：0	K：0

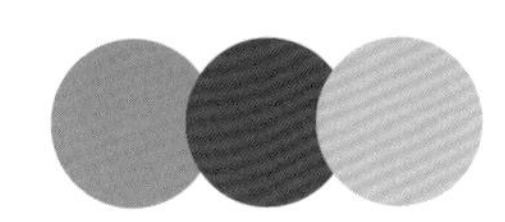

C：15	C：78	C：21
M：48	M：69	M：22
Y：72	Y：38	Y：23
K：0	K：1	K：0

C：4	C：44	C：71
M：2	M：33	M：68
Y：40	Y：92	Y：54
K：0	K：0	K：10

该餐厅墙面的发光饰品被设计成自行车的造型，充满设计感与新奇性，给消费者一种新颖、妙趣横生的感觉。

CMYK：83,76,71,49
CMYK：36,41,52,0
CMYK：64,26,39,0
CMYK：3,3,1,0
CMYK：81,86,44,8

色彩点评

- 原木地板色彩明度适中，营造出自然、朴实、舒适的环境氛围。
- 青绿色座椅与绿植之间形成同类色搭配，充满盎然、清爽的气息。
- 白色发光文字明亮、醒目，具有较强的视觉吸引力。

推荐色彩搭配

C：9	C：39	C：33
M：15	M：57	M：18
Y：20	Y：79	Y：63
K：0	K：0	K：0

C：57	C：5	C：68
M：59	M：10	M：40
Y：62	Y：31	Y：34
K：4	K：0	K：0

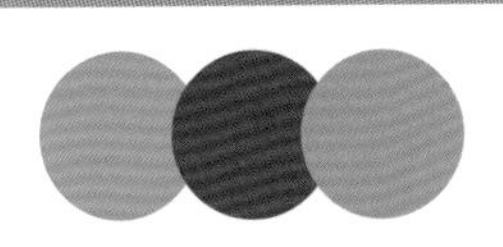

C：71	C：47	C：33
M：12	M：76	M：40
Y：34	Y：98	Y：46
K：0	K：12	K：0

该餐厅悬挂的饰品被设计为蜻蜓的造型，在灯光的照耀下晶莹剔透，打造出一隅梦幻的用餐空间。

色彩点评

- 暗金色作为餐厅主色，色彩明亮、华丽，格调富丽、大气。
- 饰品以青蓝色与白色搭配，在灯光下更显通透、干净，给人留下耀眼、梦幻、浪漫的视觉印象。

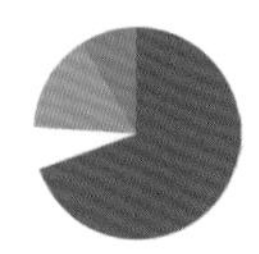

CMYK：55,64,88,15
CMYK：0,0,3,0
CMYK：70,27,29,0
CMYK：74,44,8,0

推荐色彩搭配

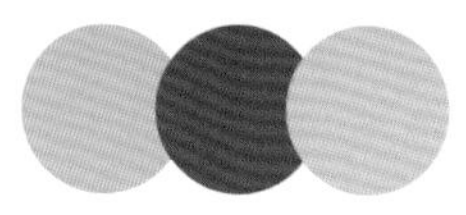

C：49	C：52	C：29
M：9	M：69	M：17
Y：2	Y：87	Y：11
K：0	K：14	K：0

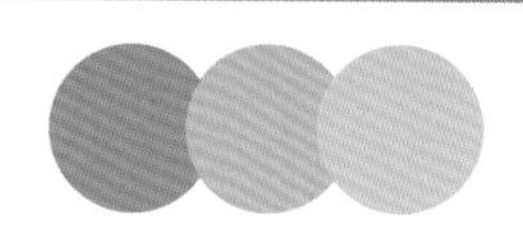

C：66	C：21	C：31
M：30	M：26	M：6
Y：0	Y：37	Y：60
K：0	K：0	K：0

C：67	C：19	C：28
M：33	M：10	M：31
Y：2	Y：7	Y：52
K：0	K：0	K：0

该餐厅悬挂的饰品、桌面摆放的摆件以及墙面的抽象图案使整个空间充满艺术性与俏皮感，装修风格俏皮、年轻、时尚。

色彩点评

- 白色作为餐厅主色，色彩洁净、简单，使整体空间装饰风格极为清爽、简约。
- 粉色作为辅助色，营造出浪漫、俏皮、活泼的空间氛围。
- 沙青色的座椅色彩视觉重量感较强，与粉色、白色形成色彩的鲜明对比，增强了空间色彩的视觉冲击力。

CMYK：6,5,2,0
CMYK：9,40,13,0
CMYK：93,73,35,1
CMYK：42,56,85,0
CMYK：33,26,26,0

推荐色彩搭配

C：10	C：28	C：84
M：26	M：60	M：89
Y：23	Y：24	Y：0
K：0	K：0	K：0

C：13	C：20	C：16
M：26	M：67	M：13
Y：3	Y：70	Y：2
K：0	K：0	K：0

C：2	C：20	C：11
M：9	M：67	M：40
Y：13	Y：40	Y：13
K：0	K：0	K：0

7.1.6 绿植

花艺绿植的点缀，可使商业空间环境更加通透，并与家具配饰形成统一、协调的组合，增强了空间的趣味性与亲和力，为消费者营造一种更加舒适的消费环境。

色彩调性：通透、释放、放松、灵动、古典、甜蜜。

常用主题色：

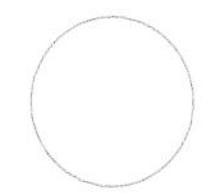
CMYK：0,0,0,0

CMYK：29,10,27,0

CMYK：74,53,100,17

CMYK：9,42,13,0

CMYK：41,10,82,0

CMYK：79,33,38,0

常用色彩搭配

CMYK：51,15,28,0
CMYK：15,24,21,0

奶檬色搭配绿瓷色，这两种轻柔色彩搭配，形成清新、文雅的视觉效果。

CMYK：41,7,32,0
CMYK：5,56,94,0

橘红色搭配艾绿色，色彩明快、鲜活。

CMYK：21,29,0,0
CMYK：64,47,100,4

橄榄绿与丁香紫色搭配，呈现出浪漫、温柔、沉静的视觉效果。

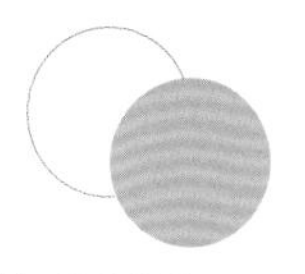
CMYK：0,0,0,0
CMYK：4,36,19,0

凤仙粉与白色搭配，可以营造出明亮、甜蜜、淡雅的店铺环境氛围。

配色速查

格调

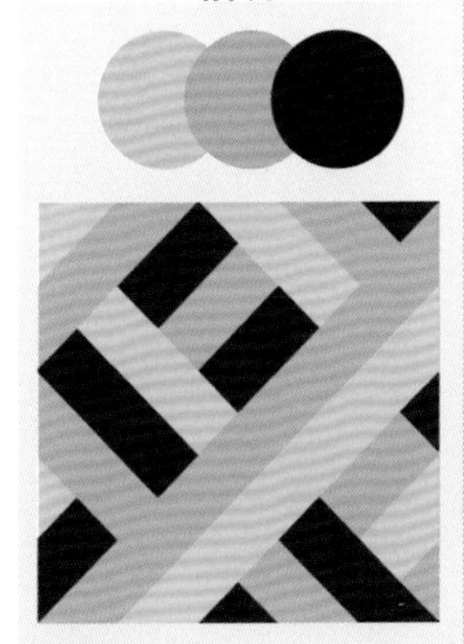
CMYK：6,30,15,0
CMYK：44,22,30,0
CMYK：82,78,76,57

活泼

CMYK：19,71,41,0
CMYK：6,47,87,0
CMYK：12,13,15,0

自然

CMYK：33,12,90,0
CMYK：69,21,36,0
CMYK：56,70,89,22

温和

CMYK：7,6,9,0
CMYK：20,19,55,0
CMYK：61,47,62,1

该咖啡店采用植物干花作为饰品，营造出生机盎然、花团锦簇的店铺环境氛围，给人以赏心悦目、心旷神怡的感觉。

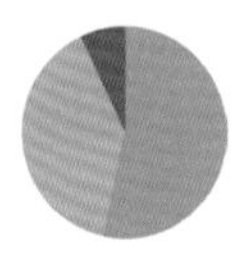

CMYK：25,49,17,0
CMYK：48,20,42,0
CMYK：37,33,27,0
CMYK：70,64,35,0

色彩点评

- 淡粉色作为咖啡店主色调，营造出浪漫、甜蜜的空间氛围。
- 瓷青色作为辅助色，使空间充满生机与清新的气息。

推荐色彩搭配

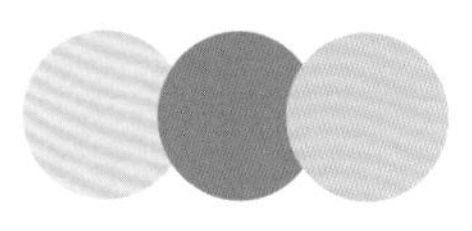

C：1	C：27	C：29
M：17	M：49	M：5
Y：9	Y：40	Y：29
K：0	K：0	K：0

C：5	C：43	C：23
M：30	M：7	M：79
Y：4	Y：15	Y：48
K：0	K：0	K：0

C：24	C：33	C：9
M：60	M：29	M：7
Y：37	Y：7	Y：26
K：0	K：0	K：0

爬藤植物攀爬在窗户处，成为该咖啡店的一道风景线，给人美妙、生趣的感觉，为消费者带来一场别开生面的视觉体验。

CMYK：5,4,2,0
CMYK：69,65,61,14
CMYK：87,84,83,73
CMYK：66,45,98,3

色彩点评

- 白色作为咖啡店主色，呈现出干净、简约的视觉效果。
- 绿植的点缀使空间充满生机，给人以通透、空灵、清新的印象。

推荐色彩搭配

C：65	C：21	C：17
M：39	M：14	M：27
Y：57	Y：8	Y：36
K：0	K：0	K：0

C：38	C：2	C：79
M：19	M：1	M：68
Y：62	Y：1	Y：53
K：0	K：0	K：13

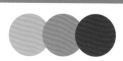

C：34	C：44	C：85
M：11	M：33	M：58
Y：78	Y：42	Y：56
K：0	K：0	K：9

用草莓饰品装点餐厅天花板，使整个空间充满明烈、热情的自然气息，具有较强的刺激食欲的作用，可令人食欲大开。

色彩点评

- 红色作为餐厅主色，色彩浓烈、饱满，给人火热、明亮、兴奋的感觉，具有强烈的视觉冲击力。
- 鸦青色色彩明度较低，与红色形成鲜明的对比色对比，丰富了空间的色彩层次感。

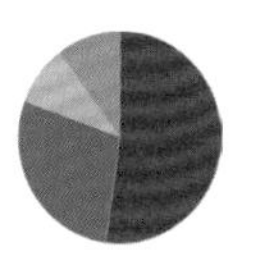

CMYK：0,93,70,0
CMYK：74,52,53,2
CMYK：13,33,82,0
CMYK：31,48,56,0

推荐色彩搭配

C：23 M：96 Y：100 K：0
C：70 M：53 Y：71 K：9
C：39 M：54 Y：58 K：0

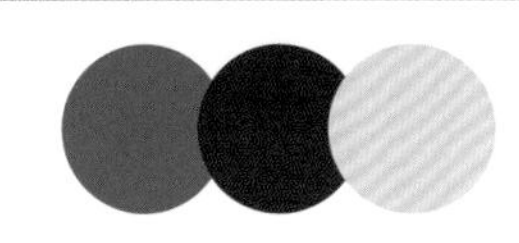

C：87 M：51 Y：49 K：2
C：47 M：100 Y：100 K：19
C：9 M：17 Y：26 K：0

C：87 M：72 Y：56 K：21
C：7 M：89 Y：74 K：0
C：34 M：27 Y：96 K：0

该药房灯具下方摆放着较多的绿植，形成花繁叶茂、清新、唯美的视觉效果，营造出富有生命力与通透感的环境氛围。

色彩点评

- 灰菊黄色作为药房主色，色彩纯度适中，营造出温馨、安宁、舒适的空间氛围。
- 绿植作为药房装饰元素，给人一种宜人、自然、生机的感觉。
- 粉色墙面色彩轻柔，为空间增添了淡雅、温柔的气息。

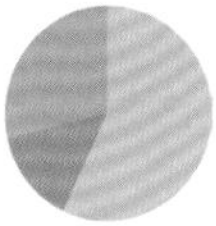

CMYK：19,24,36,0
CMYK：47,37,62,0
CMYK：27,38,30,0

推荐色彩搭配

C：9 M：7 Y：15 K：0
C：36 M：40 Y：92 K：0
C：45 M：29 Y：40 K：0

C：13 M：16 Y：28 K：0
C：53 M：32 Y：31 K：0
C：26 M：59 Y：45 K：0

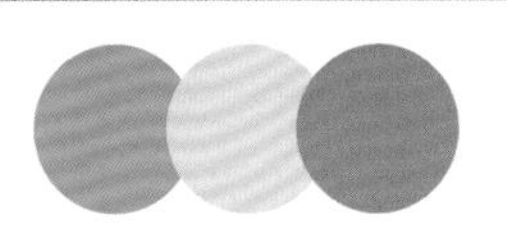

C：58 M：15 Y：91 K：0
C：8 M：16 Y：19 K：0
C：12 M：55 Y：52 K：0

7.2 商业空间中商品的陈设方式

根据商业空间的规模与场景的不同，商品的陈列与展示通常会采用不同的方式。通过灯光、道具、背景、形式等合理的组合与艺术化处理，可以营造出富有感染力的商业环境氛围，使其更加布局合理、主题明确、美观有序。

特点：

- 突出商品、刺激消费；
- 布局规整有序；
- 主题鲜明；
- 环境氛围富含感染力。

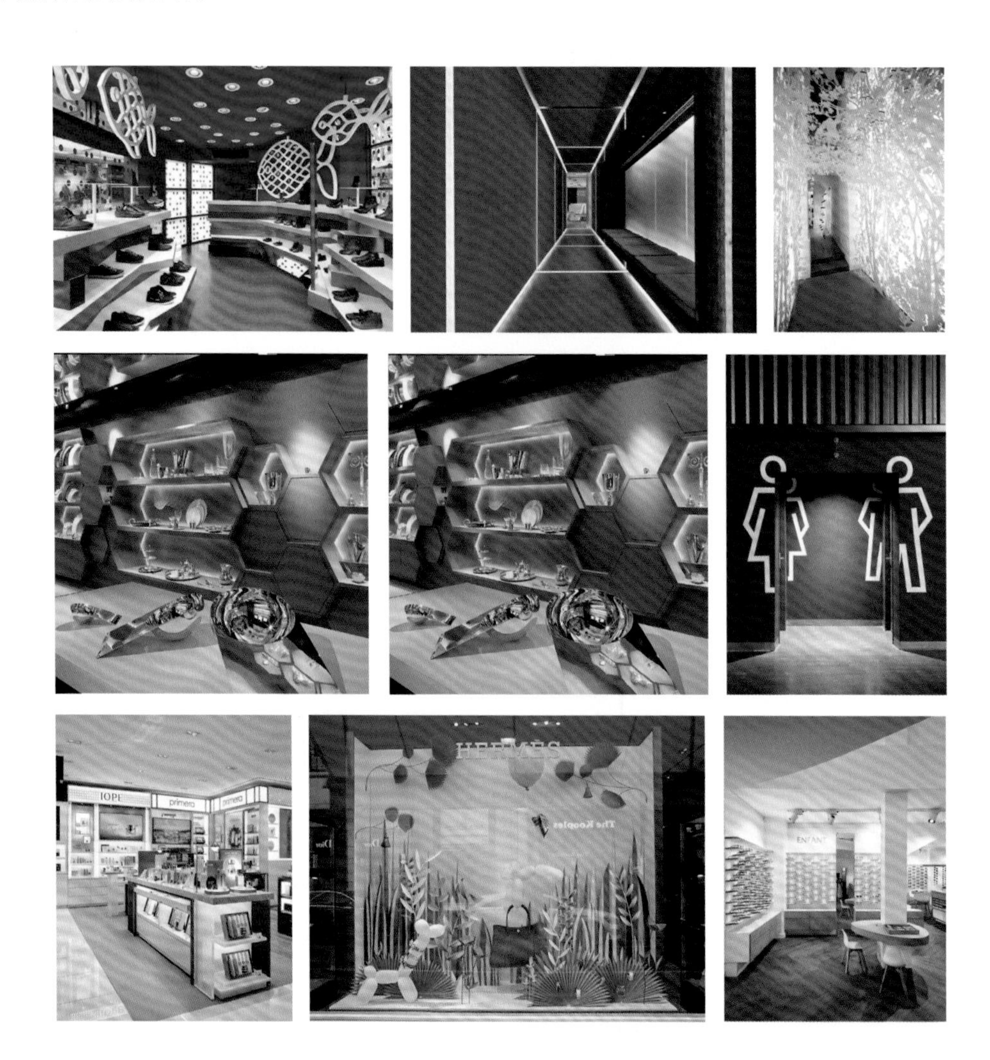

7.2.1　展示柜

展示柜多使用玻璃、金属以及木质材料制成，常用于陈列贵重、小型物品，具有结构稳固、拆卸容易、运输便利的特点。

色彩调性：清爽、极简、秀丽、尊贵、商务、温和。

常用主题色：

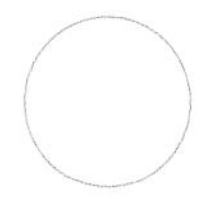
CMYK：0,0,0,0

CMYK：13,39,14,0

CMYK：92,82,46,10

CMYK：13,21,19,0

CMYK：9,17,68,0

CMYK：93,88,89,80

常用色彩搭配

CMYK：7,29,24,0
CMYK：84,74,38,2

浓蓝紫与壳黄红搭配，色彩温柔、庄重，可以打造优雅、雅致、大气的商业空间。

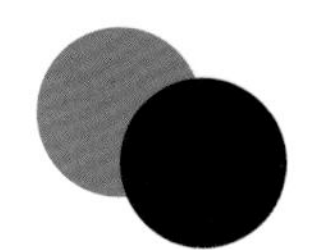
CMYK：30,56,93,0
CMYK：88,84,84,74

黑色搭配棕黄色，整体色彩明度较低，具有高端、富丽的特点。

CMYK：16,53,35,0
CMYK：9,23,81,0

铬黄搭配西瓜红，色彩明媚、鲜活，可以营造出轻快、活泼的空间氛围。

CMYK：58,33,38,0
CMYK：12,6,9,0

亮灰色搭配铜绿色，色彩简单、清爽，可以打造简约、纯净的商业空间。

配色速查

醒目

CMYK：6,61,69,0
CMYK：98,88,0,0
CMYK：21,27,26,0

张扬

CMYK：4,92,97,0
CMYK：88,84,83,74
CMYK：6,28,68,0

秀丽

CMYK：12,32,33,0
CMYK：5,4,4,0
CMYK：16,58,25,0

清凉

CMYK：67,42,5,0
CMYK：27,3,13,0
CMYK：16,13,14,0

该香水店整个空间线条较多，极具节奏感与韵律感；展示柜简约、大方，搭配复古、华丽的灯饰，布局精致、格调优雅。

色彩点评

- 淡米色作为香水店主色，色彩内敛、柔和，给人淡雅、低调的感觉。
- 黑色作为空间辅助色，增强了色彩的重量感，格调神秘、高端、尊贵。

CMYK：7,9,12,0
CMYK：85,80,80,66

推荐色彩搭配

C：12	C：16	C：62
M：8	M：22	M：46
Y：8	Y：42	Y：29
K：0	K：0	K：0

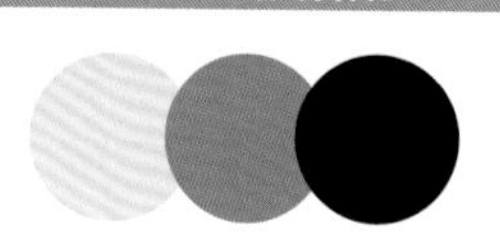

C：6	C：44	C：90
M：14	M：47	M：85
Y：14	Y：58	Y：87
K：0	K：0	K：77

C：24	C：11	C：76
M：29	M：12	M：70
Y：56	Y：15	Y：67
K：0	K：0	K：30

该珠宝店的独立展示柜在灯光的照射下，呈现出剔透、富丽、光华夺目的视觉效果，强调高端、华贵的质感。

色彩点评

- 驼色作为珠宝店主色调，可以营造成熟、大气、庄重的空间氛围。
- 金属柜台的包边在灯光下更显耀眼、绚丽，极具注目性。

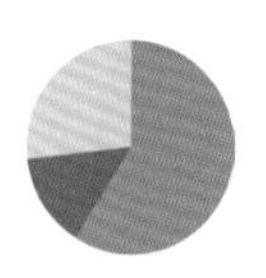

CMYK：40,44,54,0
CMYK：48,59,90,4
CMYK：13,18,30,0

推荐色彩搭配

C：6	C：18	C：73
M：11	M：33	M：73
Y：12	Y：37	Y：78
K：0	K：0	K：47

C：31	C：56	C：87
M：47	M：81	M：49
Y：94	Y：99	Y：69
K：0	K：37	K：7

C：5	C：16	C：40
M：11	M：23	M：62
Y：14	Y：34	Y：80
K：0	K：0	K：1

该药店的绿植与展示柜的色彩相互呼应，给人鲜活、生机勃勃的感觉，整个空间洋溢着清新、自然的气息。

色彩点评

- 浅草绿作为药店主色，色彩轻柔、淡雅，给人柔和、惬意、清新的感觉。
- 明绿色植物与空间主色形成纯度对比，丰富了空间色彩的层次。
- 白色与浅草绿搭配，形成极简、清爽的视觉效果。

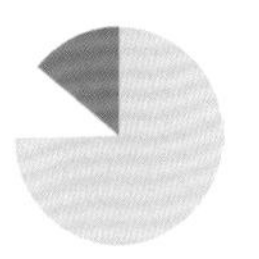

CMYK：19,10,31,0
CMYK：0,0,0,0
CMYK：68,37,97,0

推荐色彩搭配

C：11 M：10 Y：12 K：0
C：15 M：26 Y：33 K：0
C：75 M：55 Y：100 K：21

C：67 M：42 Y：48 K：0
C：9 M：5 Y：7 K：0
C：27 M：11 Y：47 K：0

C：31 M：7 Y：6 K：0
C：47 M：4 Y：84 K：0
C：67 M：75 Y：84 K：46

该品牌专卖店的展示柜将商品独立展示，可以体现出商品的华贵、高端，给人留下富丽、耀目的印象。

色彩点评

- 深铬黄作为空间主色调，色彩尊贵、高雅。
- 浅咖色地面搭配空间的深铬黄色，中和了其冲击力，增添了成熟、沉稳的气息。
- 白色灯光明亮、洁净，减轻了过多金黄色调的刺激性，使空间氛围更加明快、舒适。

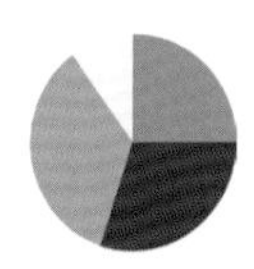

CMYK：16,54,97,0
CMYK：62,75,89,39
CMYK：21,42,57,0
CMYK：3,2,5,0

推荐色彩搭配

C：7 M：21 Y：81 K：0
C：48 M：83 Y：100 K：17
C：16 M：25 Y：27 K：0

C：20 M：75 Y：100 K：0
C：9 M：19 Y：33 K：0
C：52 M：100 Y：100 K：37

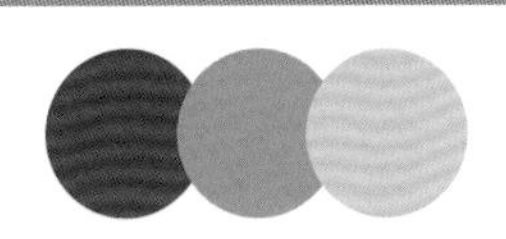

C：46 M：78 Y：99 K：11
C：7 M：49 Y：78 K：0
C：17 M：20 Y：21 K：0

7.2.2 展示台

展示台位于空间中较为显眼的位置，并根据展示空间的大小与风格，决定展示台的规格和色彩。

色彩调性：明快、活力、温柔、复古、清新、高端。

常用主题色：

CMYK：0,0,0,0

CMYK：15,13,83,0

CMYK：34,48,0,0

CMYK：31,53,62,0

CMYK：36,7,18,0

CMYK：89,90,52,24

常用色彩搭配

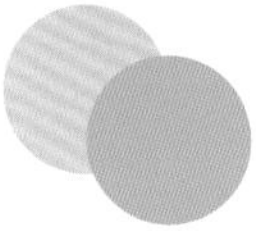

CMYK：20,15,15,0
CMYK：63,0,31,0

浅灰色搭配石绿色，形成灵动、清新、清凉的视觉效果。

CMYK：6,24,19,0
CMYK：26,73,80,0

砖红色与肤色之间形成纯度对比，散发出温暖、温柔的气息。

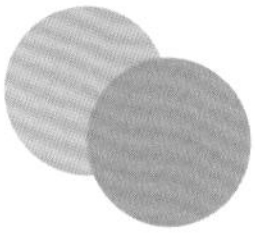

CMYK：27,24,2,0
CMYK：15,43,41,0

柿色与藤色搭配，具有典雅、柔美、浪漫的特点，易获得消费者喜爱。

CMYK：89,90,52,24
CMYK：11,6,40,0

白黄与蓝黑色形成强烈的明暗对比，增强了空间的视觉冲击力。

配色速查

含蓄

CMYK：13,27,24,0
CMYK：70,39,87,1
CMYK：89,61,36,0

温暖

CMYK：4,6,2,0
CMYK：7,4,86,0
CMYK：37,53,78,0

时尚

CMYK：39,26,4,0
CMYK：32,99,29,0
CMYK：74,79,0,0

精致

CMYK：4,48,21,0
CMYK：87,87,54,25
CMYK：24,63,80,0

该展示台视野开阔，陈列的商品令人一目了然，给人简单、整洁、淡雅的印象。

色彩点评

- 淡灰色占据大面积空间，形成含蓄、温和、优雅的视觉效果。
- 柿色作为辅助色，给人温柔、甜美的感觉。

CMYK：7,9,4,0
CMYK：35,28,23,0
CMYK：27,49,48,0

推荐色彩搭配

C：7	C：20	C：61
M：25	M：66	M：51
Y：19	Y：72	Y：23
K：0	K：0	K：0

C：14	C：23	C：81
M：32	M：21	M：39
Y：27	Y：1	Y：25
K：0	K：0	K：0

C：20	C：9	C：40
M：49	M：8	M：44
Y：35	Y：6	Y：62
K：0	K：0	K：0

将时装模特置于商场中央的展示台上方，具有较强的吸引力，可使消费者快速地寻找并了解服饰穿着效果，以便刺激消费。

色彩点评

- 将浅灰色作为商场主色，呈现出商务、优雅、正式、庄重的视觉效果。
- 松花绿色的绿植赋予空间鲜活的色彩，极具生机与清爽感。

CMYK：5,2,0,0
CMYK：51,42,40,0
CMYK：83,51,100,17

推荐色彩搭配

C：33	C：2	C：58
M：22	M：1	M：51
Y：33	Y：1	Y：41
K：0	K：0	K：0

C：71	C：89	C：12
M：66	M：62	M：9
Y：63	Y：47	Y：10
K：19	K：4	K：0

C：85	C：13	C：26
M：70	M：4	M：22
Y：31	Y：3	Y：23
K：0	K：0	K：0

将商品错落摆放在不同高度的展示台上方，可以改变呆板无趣的商品陈列方式，富含意趣，给人生动、活泼、个性的感觉。

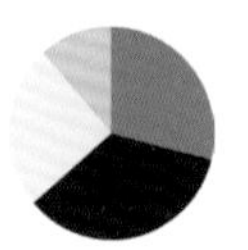

CMYK：56,51,58,1
CMYK：80,78,85,65
CMYK：8,6,7,0
CMYK：14,14,81,0

色彩点评

- 白色展示台与周围昏暗的空间形成明暗对比，可使消费者更快地注意到商品。
- 柠檬黄色彩饱满、明亮，给人活力、愉悦的感觉，活跃了空间氛围。

推荐色彩搭配

C：20	C：33	C：84
M：32	M：35	M：67
Y：65	Y：24	Y：31
K：0	K：0	K：0

C：26	C：9	C：59
M：14	M：7	M：34
Y：71	Y：6	Y：51
K：0	K：0	K：0

C：8	C：41	C：76
M：7	M：59	M：72
Y：87	Y：92	Y：65
K：0	K：1	K：31

该展示台陈列着琳琅满目的饰品，给人以丰富、唯美的视觉印象；井然有序的摆放与开放的环境为消费者提供了便利的挑选空间，便于顾客消费。

CMYK：8,6,9,0
CMYK：28,27,27,0
CMYK：87,84,85,75

色彩点评

- 亮灰色作为商店主色，给人以素洁、简约的感觉。
- 黑色作为辅助色，色彩重量感较强，增强了空间色彩的视觉吸引力。

推荐色彩搭配

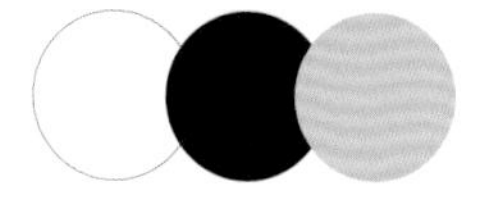

C：0	C：87	C：18
M：0	M：82	M：18
Y：0	Y：85	Y：13
K：0	K：72	K：0

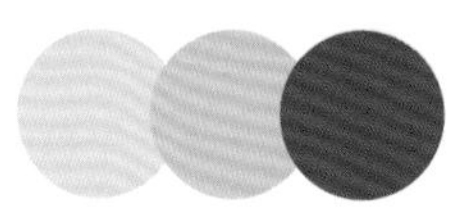

C：15	C：17	C：60
M：10	M：17	M：64
Y：15	Y：45	Y：82
K：0	K：0	K：19

C：15	C：84	C：21
M：11	M：67	M：33
Y：11	Y：71	Y：94
K：0	K：35	K：0

7.2.3 展示橱窗

展示橱窗位于商业空间中最引人注目的地方，是最优的展示区域，消费者可以根据橱窗的展示道具、灯光、背景等元素对店铺有一定了解。

色彩调性：热情、温和、亲切、清凉、神秘、纯净。

常用主题色：

CMYK：0,0,0,0

CMYK：50,0,20,0

CMYK：58,56,0,0

CMYK：6,11,53,0

CMYK：8,86,84,0

CMYK：96,100,63,51

常用色彩搭配

CMYK：40,94,40,0
CMYK：78,77,78,57

黑色与宝石红两种高纯度色彩搭配，可以营造出妩媚、神秘、时尚的空间氛围。

CMYK：16,9,82,0
CMYK：3,3,4,0

白色与鲜黄色两种高明度色彩搭配，使空间更显明亮、洁净、明快。

CMYK：8,2,4,0
CMYK：67,22,0,0

白青色搭配天蓝色，给人以清凉、通透、一尘不染的感觉。

CMYK：78,73,0,0
CMYK：10,47,28,0

神秘、浪漫的紫色搭配甜美的浓粉色，可以打造优雅、慵懒的商业空间。

配色速查

清爽

CMYK：97,79,44,7
CMYK：70,0,65,0
CMYK：6,5,5,0

文雅

CMYK：40,20,0,0
CMYK：72,70,0,0
CMYK：7,16,65,0

夏日

CMYK：1,61,53,0
CMYK：28,0,42,0
CMYK：49,2,9,0

甜蜜

CMYK：4,2,4,0
CMYK：4,97,88,0
CMYK：11,35,0,0

该橱窗中展示的水果与丝巾等物，散发出文艺、清新的夏日气息，给人一种自由、浪漫、惬意的感觉。

色彩点评

- 浅春绿与青绿色搭配，色彩清凉、自然。
- 桃红色与青绿色形成对比色，具有较强的视觉刺激性。

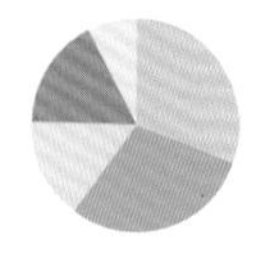

CMYK：27,12,30,0
CMYK：71,9,20,0
CMYK：6,9,56,0
CMYK：0,65,53,0
CMYK：7,9,16,0

推荐色彩搭配

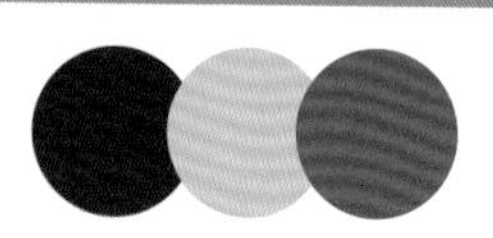

C：81 M：93 Y：59 K：39
C：28 M：13 Y：42 K：0
C：7 M：88 Y：80 K：0

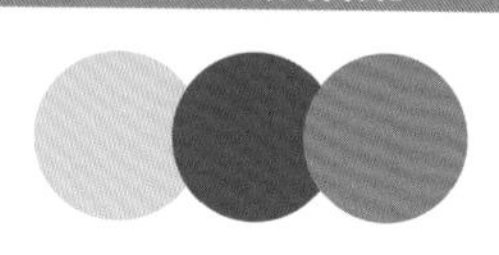

C：28 M：4 Y：47 K：0
C：89 M：56 Y：55 K：7
C：18 M：59 Y：53 K：0

C：40 M：18 Y：93 K：0
C：38 M：8 Y：18 K：0
C：20 M：47 Y：80 K：0

该橱窗中的服装模特端坐于秋千上方，展现出惬意、自由、悠然自得的视觉效果，为消费者带来轻松、愉悦的视觉体验。

色彩点评

- 草绿色色彩纯度与明度适中，给人舒适、温和、自然的感觉。
- 暗金色的大量使用，在室内灯光的衬托下，展现出华贵、绚丽的视觉效果。

CMYK：87,84,83,73
CMYK：31,84,100,0
CMYK：54,48,82,2
CMYK：5,11,13,0

推荐色彩搭配

C：28 M：28 Y：34 K：0
C：34 M：80 Y：100 K：1
C：53 M：60 Y：93 K：9

C：46 M：93 Y：100 K：16
C：37 M：52 Y：77 K：0
C：14 M：44 Y：94 K：0

C：61 M：47 Y：100 K：4
C：13 M：40 Y：68 K：0
C：51 M：72 Y：90 K：15

铅笔与画板的造型极具意趣，结合几何色块直观的视觉冲击力，使橱窗具有较强的吸引力。

色彩点评

- 玫瑰红、深蓝色、黄色等色彩搭配，给人以绚丽、鲜艳、活泼的感觉，
- 黑色的线条勾勒使图画更加生动，增添了动感与韵律感。

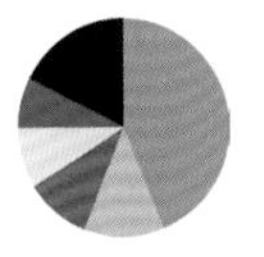

CMYK：39,48,62,0
CMYK：44,22,6,0
CMYK：0,91,57,0
CMYK：7,7,69,0
CMYK：91,64,21,0
CMYK：86,85,88,75

推荐色彩搭配

C：24	C：32	C：55
M：100	M：38	M：67
Y：58	Y：48	Y：56
K：0	K：0	K：5

C：12	C：15	C：100
M：83	M：18	M：89
Y：66	Y：65	Y：1
K：0	K：0	K：0

C：15	C：18	C：89
M：92	M：26	M：85
Y：62	Y：42	Y：83
K：0	K：0	K：74

瓷壶与花卉的结合彰显古典、优雅，营造出清新、生机盎然的环境氛围，使空间弥漫着浪漫、典雅的气息。

色彩点评

- 白色瓷器与花朵相互映衬，形成细腻、温柔的视觉效果。
- 绿色叶片将花朵衬托得更加圣洁、无瑕，营造出干净、清新的空间氛围。
- 粉色文字使橱窗色彩不再单调，给人甜美、明快的感觉。

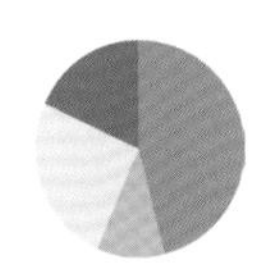

CMYK：56,41,30,0
CMYK：1,41,0,0
CMYK：13,9,11,0
CMYK：71,50,80,8

推荐色彩搭配

C：9	C：58	C：15
M：7	M：21	M：52
Y：5	Y：48	Y：33
K：0	K：0	K：0

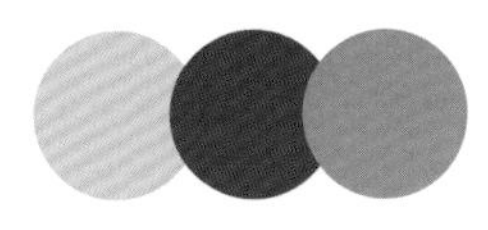

C：24	C：80	C：6
M：15	M：57	M：55
Y：15	Y：100	Y：93
K：0	K：29	K：0

C：25	C：5	C：46
M：30	M：7	M：18
Y：5	Y：12	Y：48
K：0	K：0	K：0

7.2.4 展示牌

展示板主要通过文字和图片以及充满创意的设计引起顾客的关注，具有较强的感染力与宣传效果。

色彩调性：规整、自然、简洁、严肃、鲜活、明亮。

常用主题色：

CMYK：0,0,0,0

CMYK：49,0,33,0

CMYK：28,58,73,0

CMYK：34,97,100,1

CMYK：5,15,70,0

CMYK：90,86,86,77

常用色彩搭配

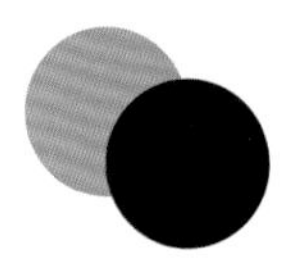
CMYK：53,20,24,0
CMYK：87,81,83,71

黑色搭配海绿色，色彩内敛、低调，可以打造复古、文艺的商业空间。

CMYK：48,98,100,21
CMYK：15,0,2,0

深红色与淡蓝色之间层次分明，极具注目性。

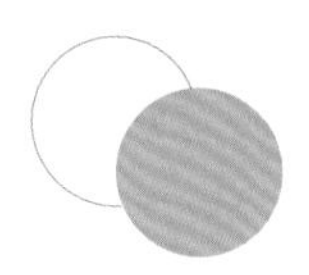
CMYK：0,0,0,0
CMYK：15,26,91,0

白色与金黄色搭配，整体色彩鲜明、夺目，可以给人留下光明、鲜活的印象。

CMYK：62,81,100,50
CMYK：0,75,94,0

杏红色搭配巧克力色，整体色彩温暖、复古，给人一种美味、古典的感觉。

配色速查

沉闷

CMYK：3,3,3,0
CMYK：77,71,63,27
CMYK：35,48,57,0

时尚

CMYK：12,25,3,0
CMYK：32,51,99,0
CMYK：9,13,27,0

大气

CMYK：7,13,20,0
CMYK：36,92,100,2
CMYK：89,74,22,0

简约

CMYK：77,30,39,0
CMYK：20,19,16,0
CMYK：6,23,76,0

该店铺的手绘文字与图案具有较强的设计感与亲切感，可以将店铺的商品信息传递给消费者。

色彩点评

- 白色、浅橘色、淡黄色的文字在黑色背景板的衬托下更加鲜明、突出。
- 红色、橙色、绿色、蓝色、紫色等多种鲜艳色彩搭配成形象的蛋糕图案，以刺激消费者食欲。

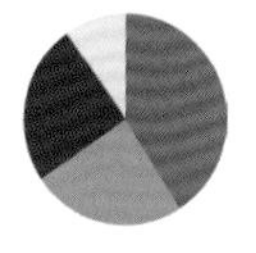

CMYK：35,70,100,1
CMYK：23,48,80,0
CMYK：71,70,82,43
CMYK：18,11,2,0

推荐色彩搭配

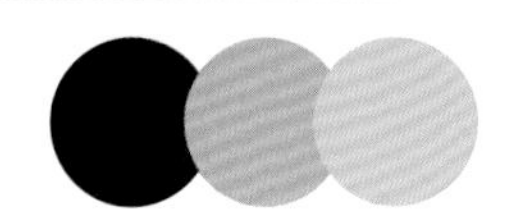

C：89	C：17	C：24
M：81	M：27	M：7
Y：88	Y：41	Y：58
K：74	K：0	K：0

C：71	C：18	C：85
M：73	M：47	M：52
Y：66	Y：95	Y：33
K：29	K：0	K：0

C：36	C：73	C：36
M：59	M：63	M：21
Y：85	Y：62	Y：12
K：0	K：15	K：0

该展示牌位于展架上方，清晰的商品标价便于消费者购买；店铺内布局规整，给人利落、清爽、井然有序之感。

色彩点评

- 灰色调的空间给人以内敛、温和的感觉，营造出亲切、舒适的店铺环境氛围。
- 青绿色的展示牌赋予空间清爽、通透的气息。

CMYK：7,8,6,0
CMYK：68,66,61,15
CMYK：80,29,47,0

推荐色彩搭配

C：79	C：20	C：45
M：24	M：15	M：36
Y：44	Y：17	Y：35
K：0	K：0	K：0

C：55	C：19	C：26
M：11	M：27	M：22
Y：18	Y：35	Y：21
K：0	K：0	K：0

C：77	C：84	C：37
M：22	M：69	M：92
Y：24	Y：42	Y：82
K：0	K：3	K：2

该蛋糕店的展示牌与背景墙对比鲜明，具有较强的视觉冲击力，可以更快地吸引消费者的目光。

色彩点评

- 金黄色灯光将蛋糕店照耀得更加温暖、明亮，可以刺激消费者食欲。
- 孔雀石绿的背景与深绯色的展示牌形成鲜明的互补色对比，具有强烈的视觉冲击力。

CMYK：7,35,63,0
CMYK：93,88,89,80
CMYK：84,50,55,3
CMYK：33,91,67,0

推荐色彩搭配

C：100	C：80	C：41
M：98	M：29	M：58
Y：62	Y：40	Y：100
K：38	K：0	K：1

C：2	C：47	C：66
M：24	M：13	M：85
Y：58	Y：15	Y：100
K：0	K：0	K：60

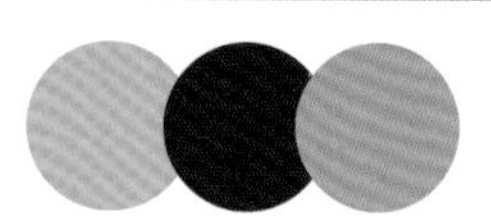

C：1	C：55	C：34
M：37	M：89	M：29
Y：74	Y：100	Y：74
K：0	K：40	K：0

该化妆品专卖店的展示牌位于化妆品上方，与产品同时展出，可使消费者更快地接收商品信息。

色彩点评

- 黑色展示牌赋予产品神秘、雍容、高端的调性。
- 白色灯光与黑色搭配，给人以经典、简洁、醒目的感觉。

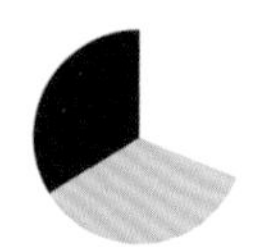

CMYK：3,2,2,0
CMYK：18,23,23,0
CMYK：81,83,80,67

推荐色彩搭配

C：11	C：91	C：80
M：19	M：84	M：82
Y：21	Y：55	Y：82
K：0	K：27	K：68

C：14	C：62	C：57
M：11	M：66	M：36
Y：14	Y：72	Y：44
K：0	K：19	K：0

C：7	C：44	C：69
M：7	M：58	M：66
Y：12	Y：47	Y：59
K：0	K：0	K：13

7.2.5 展示墙

展示墙面既可以作为空间的分割与装饰背景，又可以作为产品展示的载体，将产品呈现在消费者面前。

色彩调性： 干净、华贵、含蓄、沉着、优雅、温柔。

常用主题色：

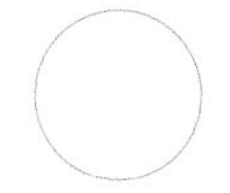     

CMYK：0,0,0,0　CMYK：88,83,83,73　CMYK：2,4,18,0　CMYK：28,22,19,0　CMYK：33,43,47,0　CMYK：9,40,25,0

常用色彩搭配

CMYK：4,9,12,0
CMYK：41,56,66,0

杏仁色与浅米色搭配，形成柔和的棕色调，给人以温柔、端庄的感觉。

CMYK：9,22,27,0
CMYK：85,62,83,37

墨绿与米色搭配，呈现出复古、亲切的视觉效果。

CMYK：7,50,34,0
CMYK：4,3,0,0

白色与鲑红色搭配，使空间充满活泼、俏皮、甜蜜的气息。

CMYK：13,14,10,0
CMYK：86,81,83,70

黑色与淡灰色搭配，形成雅致、简约、经典的视觉效果，给人以尊贵、庄重、大气之感。

配色速查

朦胧

CMYK：10,32,20,0
CMYK：81,45,34,0
CMYK：16,8,11,0

质朴

CMYK：27,53,73,0
CMYK：5,8,47,0
CMYK：56,45,100,2

绮丽

CMYK：87,81,58,31
CMYK：13,65,54,0
CMYK：51,71,59,5

神秘

CMYK：0,0,0,0
CMYK：53,71,0,0
CMYK：87,83,83,72

摆放在木质展架的诸多饰品与植物组合成商品展示墙，给人一种丰富、自然、井然有序的感觉。

色彩点评

- 米色作为空间主色，色彩柔和、自然，给人舒适、朴实的感觉。
- 鲜黄色与绿色作为点缀色，营造出鲜活、自然、明快的空间氛围。

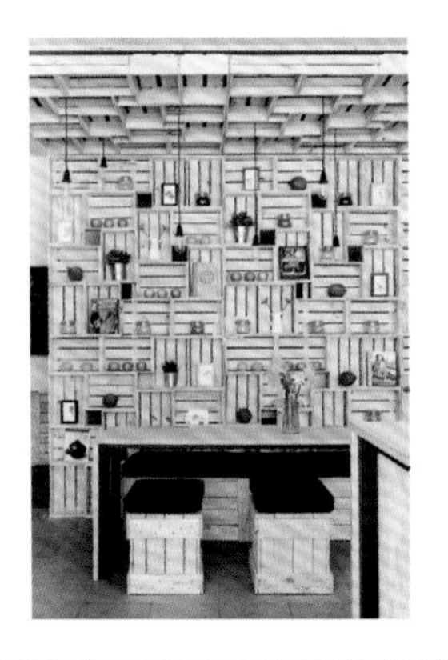

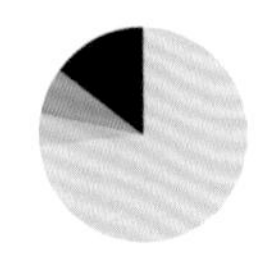

CMYK：9,18,23,0
CMYK：9,19,88,0
CMYK：55,25,92,0
CMYK：90,84,85,75

推荐色彩搭配

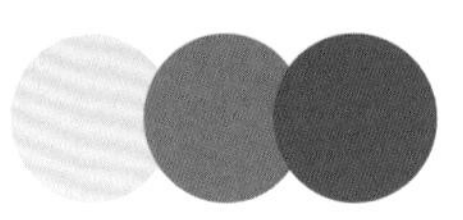

C：7	C：37	C：79
M：10	M：49	M：51
Y：8	Y：76	Y：46
K：0	K：0	K：1

C：17	C：9	C：56
M：38	M：7	M：22
Y：70	Y：5	Y：47
K：0	K：0	K：0

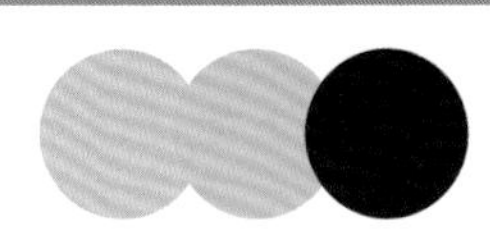

C：15	C：16	C：86
M：21	M：15	M：73
Y：31	Y：75	Y：72
K：0	K：0	K：48

该咖啡馆整体以笔墨卡通画覆盖，可以引导消费者进入一个现实与想象结合、充满童趣的二次元空间，给人新奇、俏皮、与众不同的感觉。

色彩点评

- 白色洁净、简单，使空间背景与画布更加协调，可以强化观者的想象力。
- 黑色与白色搭配，使卡通化背景更加生动、形象。

CMYK：0,0,0,0
CMYK：85,84,75,64

推荐色彩搭配

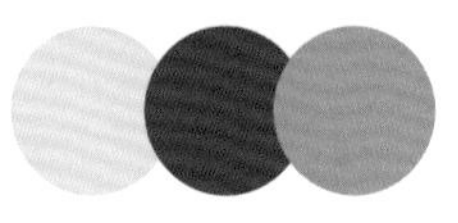

C：16	C：72	C：10
M：7	M：64	M：43
Y：9	Y：61	Y：72
K：0	K：16	K：0

C：6	C：49	C：84
M：6	M：41	M：84
Y：12	Y：39	Y：83
K：0	K：0	K：71

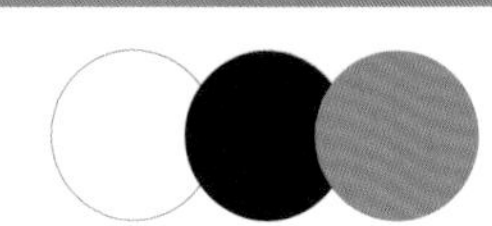

C：0	C：93	C：40
M：0	M：91	M：40
Y：0	Y：56	Y：44
K：0	K：32	K：0

绿植围绕展示窗摆放，打造出令人惊叹的艺术品造型，给人留下清爽、唯美的视觉印象。

色彩点评

- 深绿色绿植的摆放使空间更加生机盎然，充满清新、宜人的气息。
- 粉色灯光浪漫、温柔，更显活泼、俏皮。

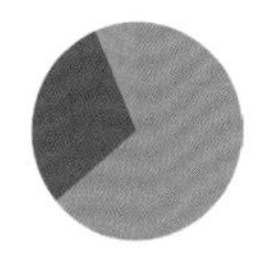

CMYK：34,44,51,0
CMYK：78,49,100,12
CMYK：17,51,14,0

推荐色彩搭配

C：17	C：28	C：37
M：24	M：54	M：22
Y：30	Y：47	Y：36
K：0	K：0	K：0

C：32	C：38	C：7
M：22	M：45	M：30
Y：75	Y：51	Y：7
K：0	K：0	K：0

C：32	C：73	C：26
M：41	M：57	M：36
Y：0	Y：100	Y：41
K：0	K：24	K：0

该展示台与展示墙的无缝衔接，以及商品错落有致的排列方式，呈现出个性、时尚、充满意趣的视觉效果。

色彩点评

- 白色墙面简单、纯净，形成清爽、干净的视觉效果。
- 深红色、蓝色、黄色作为点缀色，丰富了墙面的色彩。

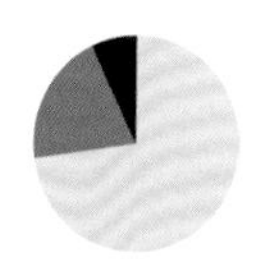

CMYK：15,14,7,0
CMYK：64,53,44,0
CMYK：91,86,85,76

推荐色彩搭配

C：7	C：18	C：65
M：5	M：40	M：67
Y：7	Y：40	Y：63
K：0	K：0	K：16

C：59	C：8	C：8
M：49	M：26	M：13
Y：44	Y：71	Y：7
K：0	K：0	K：0

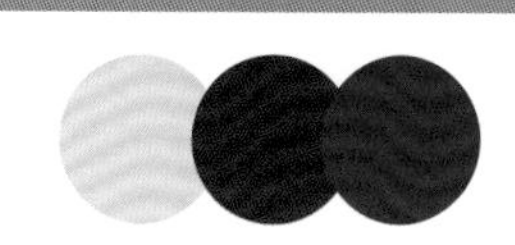

C：13	C：49	C：90
M：13	M：89	M：71
Y：18	Y：100	Y：53
K：0	K：23	K：14

7.2.6 裸眼3D展示

裸眼3D大屏借助物体大小、阴影效果、透视效果，可以营造以假乱真的画面，吸引观者驻足，使观者产生别开生面的视觉感受，具有较强的感染力与注目性。

色彩调性：神秘、幽深、清凉、深邃、梦幻、广阔。

常用主题色：

CMYK：0,0,0,0

CMYK：56,69,0,0

CMYK：90,88,87,78

CMYK：51,0,16,0

CMYK：42,34,32,0

CMYK：100,91,1,0

常用色彩搭配

CMYK：84,86,4,0
CMYK：28,18,12,0

蓝紫色搭配灰色，可以营造深沉、冷静的空间氛围。

CMYK：69,12,11,0
CMYK：100,98,52,2

水青色搭配深蓝色，给人一种理性、科幻的感觉，增强了空间的科技感。

CMYK：75,50,0,0
CMYK：90,82,63,41

黑色与皇室蓝搭配，形成深邃、优雅的视觉效果。

CMYK：76,45,47,0
CMYK：59,15,0,0

蔚蓝与湖绿色搭配，形成通透、透彻的冷色调，给人以清凉、梦幻的感觉。

配色速查

想象

CMYK：64,17,40,0
CMYK：100,100,65,54
CMYK：91,76,0,0

明丽

CMYK：43,0,15,0
CMYK：98,92,29,0
CMYK：7,14,55,0

浪漫

CMYK：27,0,7,0
CMYK：74,70,0,0
CMYK：9,40,0,0

深邃

CMYK：0,0,0,0
CMYK：54,58,81,7
CMYK：91,87,86,78

该餐厅中央的裸眼3D设计将浩瀚星空呈现在观者面前，给人梦幻、空灵、浪漫的印象，极具注目性与震撼力。

色彩点评

- 宝石蓝将星空的深邃、神秘描绘得淋漓尽致，呈现出虚幻、神秘、广阔的视觉效果。
- 橙色的座椅与宝蓝色形成对比色，使空间色彩更具视觉冲击力。

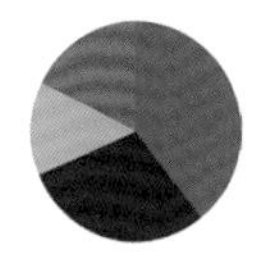

CMYK：82,62,0,0
CMYK：94,90,52,24
CMYK：70,11,7,0
CMYK：16,77,97,0

推荐色彩搭配

C：45	C：94	C：7
M：2	M：74	M：7
Y：17	Y：0	Y：20
K：0	K：0	K：0

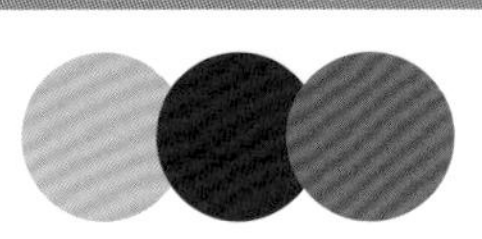

C：36	C：100	C：13
M：23	M：91	M：80
Y：4	Y：19	Y：63
K：0	K：0	K：0

C：40	C：82	C：43
M：3	M：63	M：44
Y：16	Y：0	Y：43
K：0	K：0	K：0

科学博物馆天花板处的3D大屏中环伺的鲨鱼，结合周围的灯光，营造出紧张、惊险的空间氛围，具有较强的吸引力。

色彩点评

- 碧青的深海画面使空间弥漫着冰凉的海水气息，给人幽暗、刺激的感觉。
- 金色灯光增添了温暖、明快的气息，缓和了空间的紧张氛围。

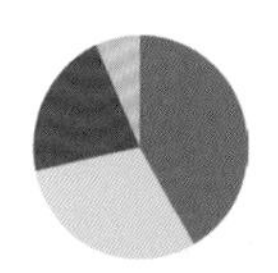

CMYK：69,54,59,5
CMYK：42,0,13,0
CMYK：91,67,42,3
CMYK：5,29,73,0

推荐色彩搭配

C：59	C：89	C：48
M：25	M：60	M：29
Y：3	Y：19	Y：36
K：0	K：0	K：0

C：64	C：19	C：90
M：10	M：6	M：84
Y：16	Y：24	Y：83
K：0	K：0	K：73

C：63	C：52	C：57
M：73	M：6	M：26
Y：94	Y：30	Y：16
K：40	K：0	K：0

7.2.7 虚拟陈设

虚拟陈设就是将展品与陈列方式虚拟化和数字化，摒弃传统的展示方式，具有创新、便利、不受空间制约等特点。

色彩调性： 科技、理性、冷静、神秘、幽暗、静谧。

常用主题色：

CMYK：0,0,0,0

CMYK：46,24,94,0

CMYK：82,60,22,0

CMYK：0,8,14,0

CMYK：20,11,0,0

CMYK：92,87,82,74

常用色彩搭配

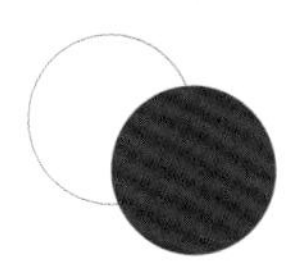
CMYK：0,0,0,0
CMYK：84,73,5,0

白色搭配宝石蓝，整体色彩较为单一、协调，给人简约、清爽的感觉。

CMYK：85,56,31,0
CMYK：20,11,0,0

浅幼蓝色搭配青蓝色，形成富有层次感的冷色调，给人清凉、冷静的感觉。

CMYK：88,84,84,74
CMYK：49,22,28,0

绿瓷色搭配黑色，减轻了黑色的沉闷、庄重感，更显清新、恬淡。

CMYK：89,75,15,0
CMYK：75,76,48,8

湖水蓝与玄青色搭配，整体色调较为沉重、冷静。

配色速查

沉寂

CMYK：7,62,95,0
CMYK：87,86,85,75
CMYK：73,53,27,0

旷野

CMYK：63,30,80,0
CMYK：18,14,11,0
CMYK：82,78,74,56

自然

CMYK：21,9,0,0
CMYK：78,61,100,36
CMYK：76,44,0,0

温和

CMYK：0,14,27,0
CMYK：21,16,15,0
CMYK：95,91,47,16

该霓虹灯分布在透明的墙体之上，囊括了产品图像、图案、符号在内的诸多元素，充满奇幻、天马行空般的想象力。

色彩点评

- 白色发光符号与图案在透明的玻璃上方，呈现出悬浮、虚幻的视觉效果。
- 暖黄色灯光的照射与科技感的饰品形成风格的碰撞，增强了空间亲和力。

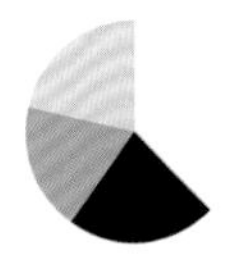

CMYK：6,0,2,0
CMYK：93,88,87,78
CMYK：56,30,20,0
CMYK：4,21,43,0

推荐色彩搭配

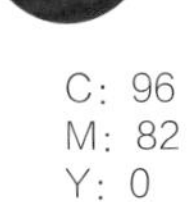

C：93	C：5	C：96
M：88	M：2	M：82
Y：86	Y：26	Y：0
K：77	K：0	K：0

C：22	C：10	C：71
M：7	M：25	M：64
Y：7	Y：59	Y：59
K：0	K：0	K：13

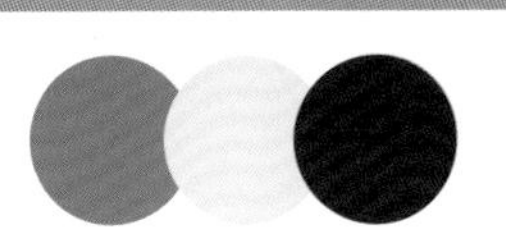

C：67	C：19	C：91
M：46	M：3	M：85
Y：23	Y：5	Y：61
K：0	K：0	K：40

该国家公园的游客中心通过灯光的设计将波光粼粼的海面呈现在游客面前，色彩瑰丽、幽深、梦幻，具有较强的吸引力。

色彩点评

- 蓝色的灯光打造出蔚蓝的海洋，空间洋溢着清凉的气息。
- 苔藓绿的山体模型与绿色灯光相互呼应，更显自然，可以增强游客的体验感。

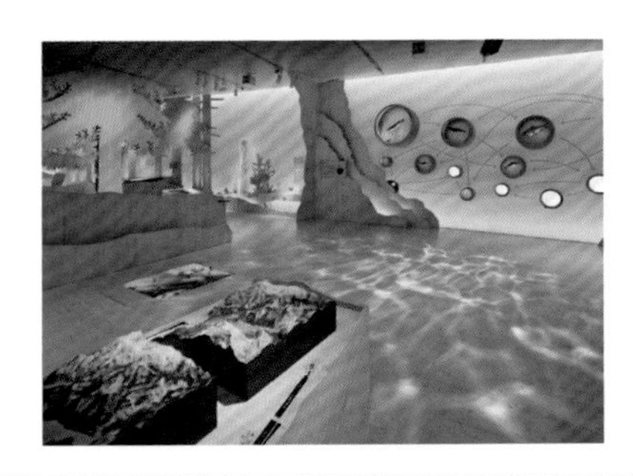

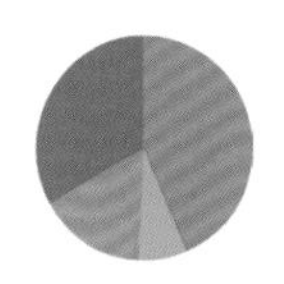

CMYK：70,40,0,0
CMYK：71,0,87,0
CMYK：51,34,95,0
CMYK：78,55,27,0

推荐色彩搭配

C：31	C：93	C：20
M：0	M：74	M：5
Y：8	Y：0	Y：47
K：0	K：0	K：0

C：100	C：27	C：76
M：100	M：18	M：21
Y：59	Y：0	Y：17
K：24	K：0	K：0

C：8	C：60	C：91
M：17	M：20	M：69
Y：15	Y：28	Y：19
K：0	K：0	K：0

该科技馆大堂的展示柱中设置的青翠树木使整个空间洋溢着自然、生机的气息，给人一种鲜活、生机勃勃的感觉，令人神清气爽。

色彩点评

- 灰色作为空间背景色，色彩内敛、正式，突出了科技馆的主题。
- 苍翠的树木影像使空间焕发出自然的生命气息，活跃了空间气氛。

CMYK：60,44,40,0
CMYK：11,8,8,0
CMYK：64,25,83,0
CMYK：44,59,87,2

推荐色彩搭配

C：79	C：30	C：5
M：51	M：47	M：31
Y：100	Y：63	Y：85
K：14	K：0	K：0

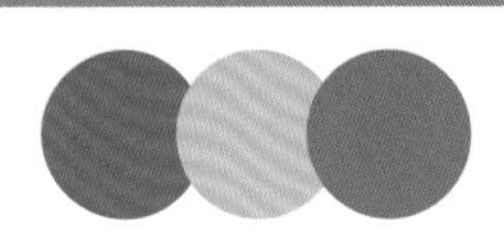

C：79	C：26	C：53
M：44	M：16	M：50
Y：54	Y：49	Y：58
K：1	K：0	K：0

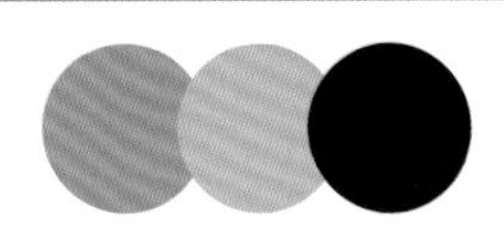

C：56	C：44	C：93
M：24	M：14	M：84
Y：67	Y：21	Y：72
K：0	K：0	K：60

该科学馆中设置的虚拟工具，为游客提供了一个感受科技的媒介，使其可以领略技术发展的奇思妙想，满足观者的好奇心。

色彩点评

- 青色灯光使空间整体呈冷色调，营造出科技、安静、正式的空间氛围。
- 橙色与黄色搭配为空间增添暖色，使空间色彩更加鲜活、明快。

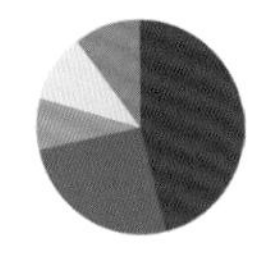

CMYK：79,71,60,24
CMYK：83,58,36,0
CMYK：72,21,24,0
CMYK：7,2,72,0
CMYK：6,62,95,0

推荐色彩搭配

C：96	C：16	C：6
M：92	M：7	M：18
Y：45	Y：12	Y：88
K：12	K：0	K：0

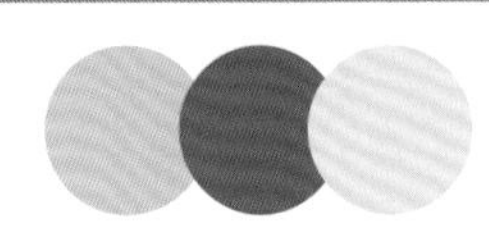

C：41	C：70	C：7
M：10	M：60	M：13
Y：0	Y：43	Y：11
K：0	K：1	K：0

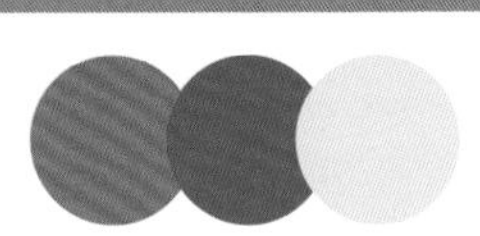

C：34	C：80	C：31
M：61	M：56	M：0
Y：63	Y：38	Y：4
K：0	K：0	K：0

第8章

商业空间设计的经典技巧

在明确商业空间环境的前提下创作设计作品，除了遵循色彩的搭配设计原则之外，还需注意很多技巧。如有关商品陈设、背景图案、空间大小、创意构思、空间主题、空间整体风格等，只有全局考虑才能令消费者对商业空间产生好感，获得更好的经济效益。本章将为大家讲解一些常用的商业空间设计技巧。

8.1 主色调+辅助色调

任何商业空间都需要一种最主要和突出的色彩来呼应整体环境的主题与风格，其作为空间“主角”，可以统一空间的整体色彩；而辅助色则作为“配角”来衬托或强化主色。主色与辅助色的经典比例通常为80%主色调+20%辅助色调，这种比例可以奠定画面的色彩基调并确保画面色彩的饱满、丰富，给消费者一种强烈的感官刺激。

该橱窗以低明度的藏青色作为背景主色，营造出静谧、昏暗的深夜效果；苍翠盎然的绿植则增强了空间的生机与自然气息，带给消费者更加愉悦、舒适的视觉体验。

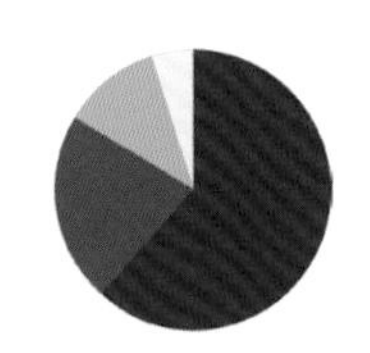

CMYK：99,82,47,11
CMYK：89,53,100,24
CMYK：62,0,51,0
CMYK：7,3,6,0

推荐配色方案

CMYK：100,88,15,0 CMYK：63,0,26,0
CMYK：14,1,36,0

CMYK：92,65,30,0 CMYK：58,18,100,0

浅柿色与杏红色形成的同类色搭配，使空间整体呈橘色调，给人留下阳光、幸福、喜悦的印象；并以盎然的绿色作为辅助色，丰富了橱窗空间的色彩层次感。

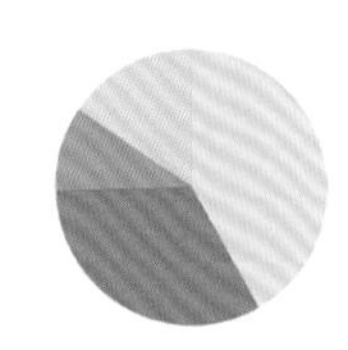

CMYK：0,19,29,0
CMYK：7,67,58,0
CMYK：65,19,89,0
CMYK：26,14,0,0

推荐配色方案

CMYK：6,93,100,0 CMYK：3,26,41,0
CMYK：87,60,100,39

CMYK：43,18,9,0 CMYK：1,72,59,0

8.2 色彩形成冷暖对比

当人们进入一处商业空间中，首先看到的便是空间的主色调。此外，还会感受到不同的冷暖气氛。空间色彩进行冷暖对比，可以更好地展现空间的风格与主题，增强色彩层次感，强化环境氛围。

这是一处儿童休息游玩空间，以矢车菊蓝与淡蓝色为主色，给人一种清凉、清新的感觉。橙色、黄色则增强了画面的暖意，使空间氛围更加活跃、欢快。

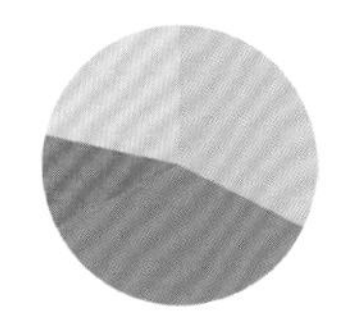

CMYK：37,17,15,0
CMYK：67,39,10,0
CMYK：2,70,71,0
CMYK：5,20,67,0

推荐配色方案

CMYK：0,0,1,0　CMYK：65,9,34,0
CMYK：3,73,56,0

CMYK：67,54,25,0　CMYK：5,26,52,0

该橱窗以农场为背景，金黄色的作物与青蓝天空形成鲜明的冷暖对比，使人犹如身临其境，营造出辽阔、自然的空间氛围。

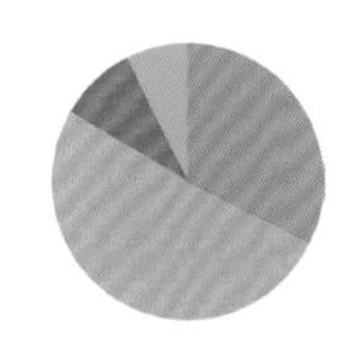

CMYK：77,23,22,0
CMYK：16,35,86,0
CMYK：0,73,92,0
CMYK：67,0,100,0

推荐配色方案

CMYK：0,53,91,0　CMYK：93,68,38,1
CMYK：59,27,84,0

CMYK：4,82,87,0　CMYK：38,0,15,0

8.3 色彩形成明度对比

不同颜色之间具有明暗的差异，相同色彩也有明暗深浅的不同。空间中明暗色调的交错，可以令空间色彩发生变化，使整个空间色彩更加主次分明，并增强空间的节奏感。

白色墙体、红橙色吊灯和山茶红色沙发等与黑色沙发形成强烈的明暗对比，使整体空间色彩层次分明，呈现出丰富、绚丽的视觉效果。

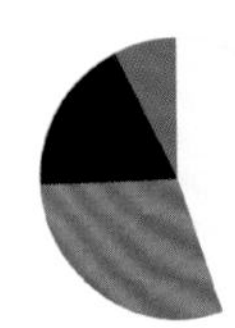

CMYK：4,3,3,0
CMYK：10,80,0,0
CMYK：0,80,78,0
CMYK：92,87,88,79
CMYK：72,51,100,12

推荐配色方案

CMYK：0,75,68,0 CMYK：3,15,26,0
CMYK：84,54,100,24

CMYK：19,14,15,0 CMYK：31,100,90,1

将海蓝色作为橱窗空间主色，色彩较为浓郁、饱满，与明亮的金盏花黄色指针形成明度与冷暖的强烈对比，极具视觉冲击力。

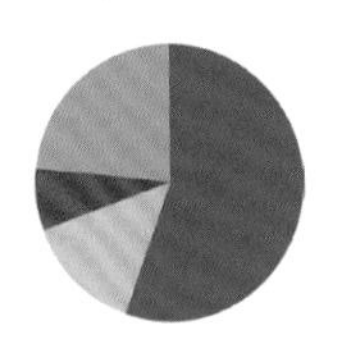

CMYK：90,63,14,0
CMYK：3,30,89,0
CMYK：17,88,100,0
CMYK：24,48,33,0

推荐配色方案

CMYK：48,3,6,0 CMYK：93,92,53,26
CMYK：3,1,18,0

CMYK：2,36,90,0 CMYK：100,92,38,1

8.4 色彩形成纯度对比

纯度是影响色彩情感表达的主要因素，色彩纯度强弱是指色相为人感知的程度。高纯度色彩具有鲜艳、活泼、明快、刺激等特点；低纯度色彩则具有沉闷、单调、宁静等特点。在运用色彩时，需要通过颜色纯度的不断变化丰富空间气氛。

该画廊的地面与墙体采用贝壳粉、西瓜粉、铬黄色、粉绿色等不同色彩进行搭配，色彩间纯度对比分明，结合图形的冲击力，呈现出五颜六色、绚丽多彩的视觉效果。

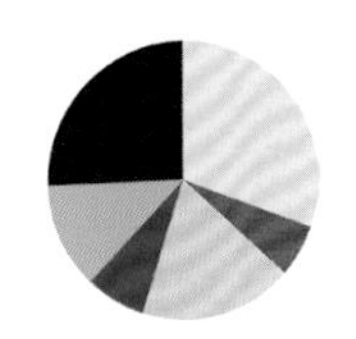

CMYK：0,21,13,0
CMYK：0,92,85,0
CMYK：13,21,87,0
CMYK：97,79,24,0
CMYK：70,0,39,0
CMYK：86,84,83,73

推荐配色方案

CMYK：4,13,4,0　CMYK：8,62,49,0
CMYK：73,6,37,0

CMYK：7,12,49,0　CMYK：75,32,0,0

苹果绿色的顶部装饰与宝蓝色沙发色彩浓郁，与灰色墙体以及地面形成纯度对比，更加凸显出该珠宝店个性、时尚、鲜活的风格。

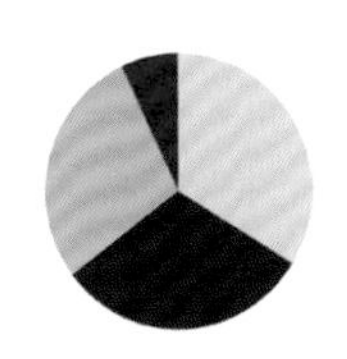

CMYK：26,14,12,0
CMYK：83,80,76,62
CMYK：37,22,95,0
CMYK：100,97,7,0

推荐配色方案

CMYK：100,92,2,0　CMYK：1,1,9,0
CMYK：35,61,71,0

CMYK：51,31,100,0　CMYK：24,10,0,0

8.5 互补色做点缀色

互补色作为冷暖对比最为强烈的色彩，在众多配色中差异最为鲜明，给予感官的刺激最强烈；同等面积的互补色搭配在一起时，两者相互冲突干扰，会使空间色彩失去平衡。这时可以使用一种色彩为主色，另一种颜色为点缀色，这样既统一了商业空间色彩的整体色调，又发挥了色彩强烈的冲击力。

粉蓝色与紫色占据空间较大面积，营造浪漫、优雅、温柔的气氛，黄色与紫色形成强烈的互补色对比，带来更加强烈的视觉刺激，使整体氛围更加灵动、活泼。

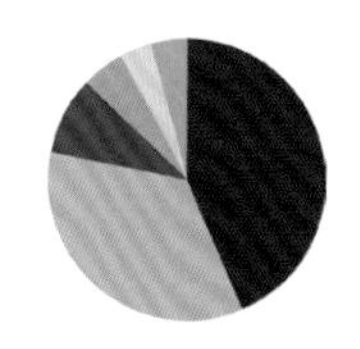

CMYK：81,77,75,54
CMYK：39,29,7,0
CMYK：77,86,0,0
CMYK：28,47,0,0
CMYK：14,12,77,0
CMYK：0,53,91,0

推荐配色方案

CMYK：90,95,35,2 CMYK：24,43,0,0
CMYK：16,13,84,0

CMYK：68,39,0,0 CMYK：0,62,91,0

红色与绿色形成鲜明的互补色对比，同时搭配沙色，让人产生置身于荒漠中的感受，使空间更具表现力与真实感。

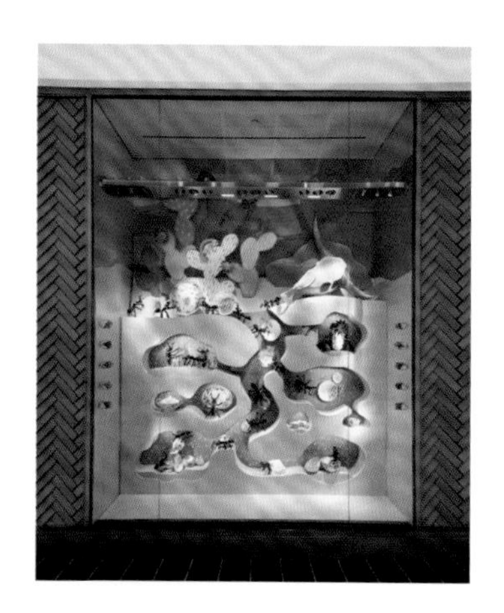

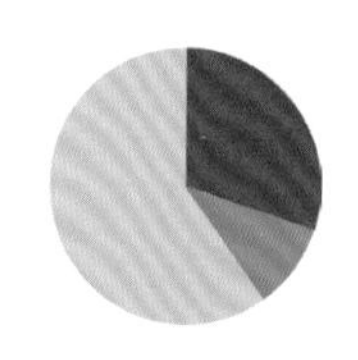

CMYK：6,93,95,0
CMYK：81,23,93,0
CMYK：19,23,30,0

推荐配色方案

CMYK：24,94,82,0 CMYK：38,0,24,0
CMYK：18,24,25,0

CMYK：67,15,100,0 CMYK：5,71,69,0

8.6 注重素描关系

素描有三大关系，即明暗关系、空间关系和结构关系。

明暗关系是自然或非自然光作用在物体上，呈现出不同的光影效果。通过光的不同变化，设计元素可以呈现出不同程度的黑色、白色和灰色，从而使作品更加生动和真实。

空间关系是指画面尽量表现三维立体效果，远虚近实。

结构关系是指参照物的自身形体特征，是由作者能否还原其真实性作为评价标准的。

在进行商业空间设计的过程中需注重素描关系，以便让空间更加丰满，使消费者更利于接受。

该画面中粉刷的色彩凝固为3D实体造型，给人以妙趣横生、生动的视觉感受，使橱窗更具吸引力。

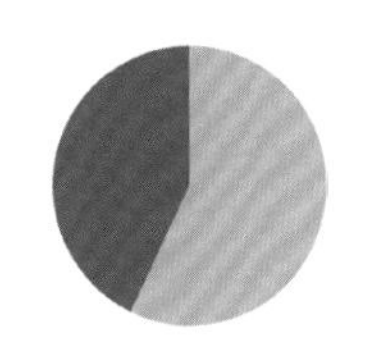

CMYK：11,35,68,0
CMYK：89,62,5,0

推荐配色方案

CMYK：70,67,94,39　CMYK：12,24,89,0
CMYK：97,82,6,0

CMYK：69,15,2,0　CMYK：3,8,33,0

该画面中天花板悬置的咖啡杯与装饰位于可以触摸的高度，使消费者可以获得更好的消费体验，增强其愉悦感。

CMYK：18,27,87,0
CMYK：21,15,13,0

推荐配色方案

CMYK：5,7,43,0　CMYK：8,0,77,0
CMYK：69,74,92,51

CMYK：45,54,100,1　CMYK：5,2,38,0

8.7 确定核心空间位置

基于商业空间的店铺特色，决定了其设计的核心。在商业空间设计的过程中，应根据消费者的行为与心理，以及消费者的需求、行为规律、心理特征等因素来进行空间的构思、设计、创造，并确立人性化的商业空间风格。

位于墙体的立体浮雕使该楼梯空间更具艺术感与立体感，渲染出高贵、古典的风格，使商铺呈现出尊贵、华丽的调性。

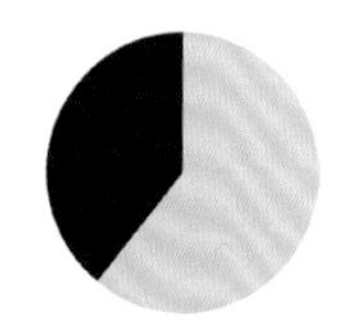

CMYK：17,18,31,0
CMYK：83,83,84,72

推荐配色方案

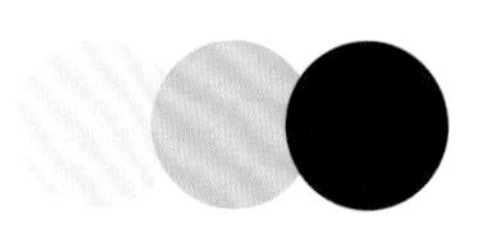

CMYK：3,5,23,0　CMYK：14,18,40,0
CMYK：87,83,82,72

CMYK：34,34,57,0　CMYK：2,15,39,0

波点、条纹作为儿童空间的主要设计元素，具有色彩丰富、结构简约的特点，可以强化色彩与图形的视觉冲击力，并激发观者的兴趣。

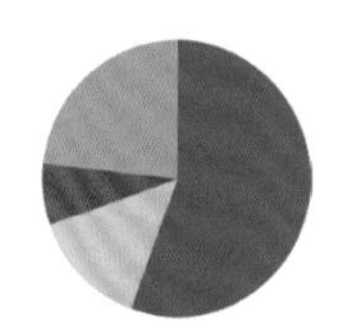

CMYK：6,4,2,0
CMYK：82,78,68,47
CMYK：20,94,72,0
CMYK：4,62,81,0
CMYK：15,27,92,0
CMYK：85,54,0,0
CMYK：8,19,76,0
CMYK：6,70,6,0

推荐配色方案

CMYK：5,18,79,0　CMYK：1,43,0,0
CMYK：98,82,24,0

CMYK：5,98,95,0　CMYK：4,42,50,0

8.8 利用简化图形形成独特主题

通过使用扁平化、色块化的简约图形，增强了图形的视觉冲击力，强化了图形在商业空间中的作用，从而获得更强的视觉冲击力，以吸引消费者目光。简约化的图案更易获得消费者喜爱，摒弃空间中烦琐复杂的元素，使人们对商品信息的接受程度更高。

简化的星形、矩形与圆形形成扁平化风格，使橱窗摆件形成卡通化的造型，给人留下活泼、可爱的视觉印象。

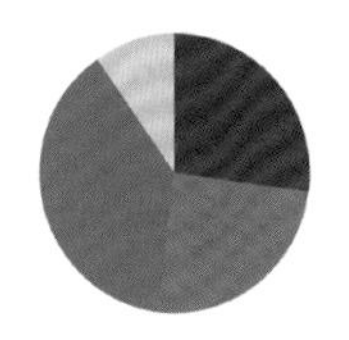

CMYK：67,91,0,0
CMYK：64,61,0,0
CMYK：84,53,45,1
CMYK：11,22,62,0

推荐配色方案

CMYK：12,7,66,0　CMYK：55,84,0,0
CMYK：36,12,3,0

CMYK：87,53,23,0　CMYK：20,24,0,0

水墨蓝、粉橘色与白色共同构成空间色彩，再结合圆形软装元素，给人温柔、温馨的感觉，营造出惬意、舒适的环境氛围。

CMYK：3,2,2,0
CMYK：7,36,38,0
CMYK：54,46,15,0
CMYK：6,21,81,0

推荐配色方案

CMYK：81,64,27,0　CMYK：11,38,40,0
CMYK：3,45,16,0

CMYK：9,40,92,0　CMYK：16,29,0,0

8.9 统一空间风格

在现代的商业空间中，要尽量简化空间设计元素的复杂性，将空间的各种元素统一成一种风格。例如材质的统一、色调的统一、造型的统一等。

该购物中心的橱窗以蓝色作为主色调，使人犹如置身海洋中，营造清新、清凉的空间氛围，带给消费者舒畅、平静的情绪感受。

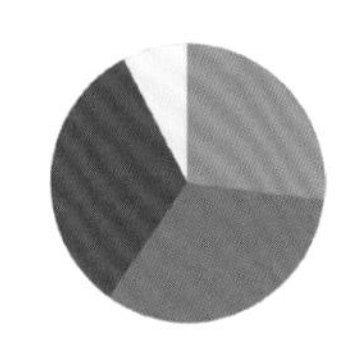

CMYK：73,25,17,0
CMYK：70,51,0,0
CMYK：91,72,19,0
CMYK：8,4,8,0

推荐配色方案

CMYK：8,8,9,0 CMYK：100,98,59,28
CMYK：24,20,0,0

CMYK：73,20,11,0 CMYK：75,70,45,4

该历史博物馆将青蓝色、淡绿色、紫罗兰色搭配在一起，形成冷色调的类似色对比，使整个空间充满清凉、自然、典雅的气息。

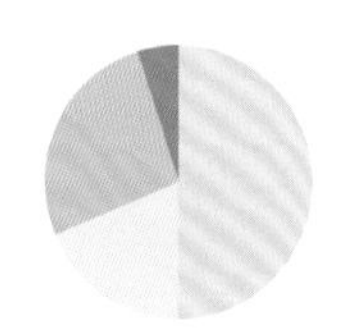

CMYK：7,17,16,0
CMYK：22,0,7,0
CMYK：51,7,9,0
CMYK：47,0,44,0
CMYK：52,52,10,0

推荐配色方案

CMYK：3,4,35,0 CMYK：24,0,7,0
CMYK：65,63,17,0

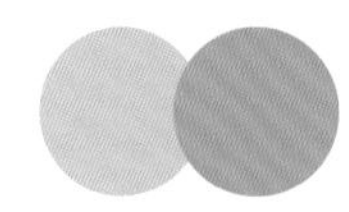

CMYK：50,1,2,0 CMYK：73,4,49,0

8.10 使用3D元素提升空间的趣味性

3D立体形式的设计元素，其设置效果真实、细腻，富有创造性，可使商业空间造型更具趣味性与亲和力，赢得大众的认可和喜爱。

该空间中立体文字与颜料的造型真实、饱满，使橱窗空间更具吸引力，下方的画笔、相机、文具等元素则增强了空间的趣味感。

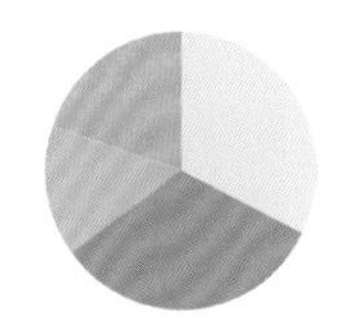

CMYK：28,0,13,0
CMYK：68,31,16,0
CMYK：44,8,86,0
CMYK：10,37,76,0

推荐配色方案

CMYK：32,2,57,0　CMYK：0,70,86,0
CMYK：100,99,54,7

CMYK：11,41,82,0　CMYK：30,0,16,0

该商业空间中商品后侧的展示板流淌的液体，给人一种奶油融化的感觉，使该商业空间更具趣味性，给人生动、鲜活的印象。

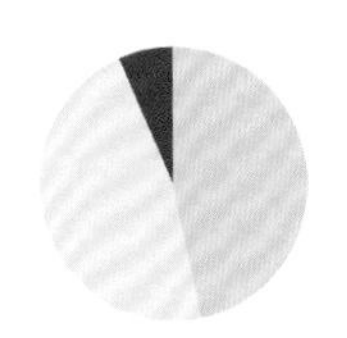

CMYK：11,12,78,0
CMYK：5,12,13,0
CMYK：27,99,99,0

推荐配色方案

CMYK：8,32,23,0　CMYK：11,17,81,0
CMYK：83,75,24,0

CMYK：12,23,35,0　CMYK：67,75,83,47

8.11 元素的替换混合

在进行商业空间设计时，将实物与平面造型或图形相结合，使复杂的商品和简约的插画形成对比，用以提升空间的俏皮感，并增强商业空间的吸引力。

白色相框的设计与黑色背景搭配，同手绘造型的元素形成三维立体与二维平面的对比，呈现出超现实的漫画般的视觉效果。

CMYK：80,74,72,47
CMYK：0,0,0,0

推荐配色方案

CMYK：0,0,0,0　CMYK：67,59,62,9
CMYK：100,99,55,10

CMYK：91,86,87,78　CMYK：13,10,4,0

该空间中树枝上悬挂的丝巾花纹华丽、丰富，突出了商品的美观性。而纸质的树枝、海洋则呼应了“兴风作浪”的主题，使商品更具魅力。

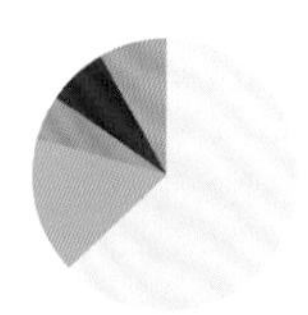

CMYK：8,6,6,0
CMYK：71,0,26,0
CMYK：76,23,11,0
CMYK：100,92,22,0
CMYK：62,18,55,0

推荐配色方案

CMYK：27,0,46,0　CMYK：82,70,63,28
CMYK：49,22,10,0

CMYK：99,93,35,2　CMYK：71,10,9,0

8.12 夸张缩放

夸张缩放是对物体正常的尺寸比例加以夸张改变，使被缩放的物体与印象中的相同物体形成强烈的反差，带来截然不同的观感。越是夸张的变化，对比效果越强烈，给人的观感越刺激。

该空间中高于人物模型的仙人掌采用夸张的处理方式，给人一种怪诞、奇异的视觉感受，增强了橱窗的视觉表现力。

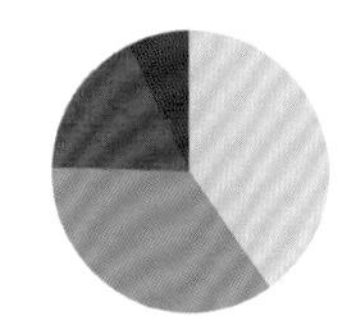

CMYK：13,21,32,0
CMYK：71,26,100,0
CMYK：1,92,88,0
CMYK：68,72,80,40

推荐配色方案

CMYK：71,0,92,0　CMYK：14,27,45,0
CMYK：33,94,100,1

CMYK：3,92,98,0　CMYK：44,28,100,0

该空间中森林的图像被压缩至狭小的橱窗内，营造出自然、清新、盎然的空间氛围，使消费者在浏览之余，获得更加舒适、愉悦的体验。

推荐配色方案

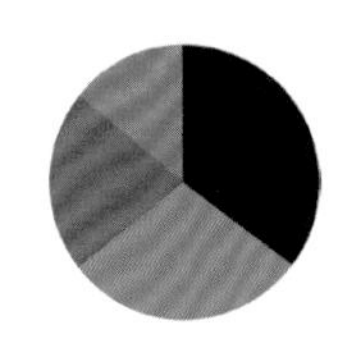

CMYK：91,84,86,75
CMYK：77,30,56,0
CMYK：3,85,61,0
CMYK：0,71,81,0

CMYK：61,8,44,0　CMYK：2,16,32,0
CMYK：8,93,100,0

CMYK：80,27,55,0　CMYK：14,97,73,0

8.13 商品与空间形成互动

商品或空间背景与造型元素共用一部分区域，形成一个不可分割的完整的造型形象，使人产生无尽的联想，留下神秘、富有深度的视觉印象。

甜甜圈与饼干作为该橱窗造型装饰物，色彩间相互呼应，形成统一的橙色调，展现出欢快、热情、明媚的商铺风格。

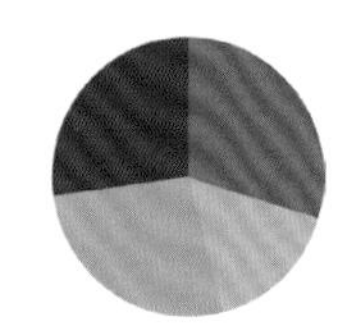

CMYK：11,81,93,0
CMYK：3,42,71,0
CMYK：18,41,52,0
CMYK：56,79,100,34

推荐配色方案

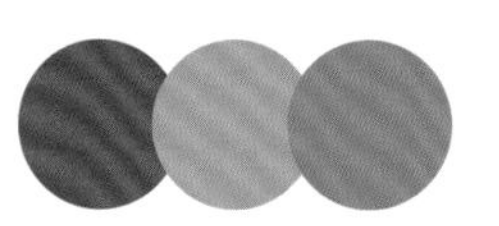

CMYK：18,84,98,0 CMYK：26,37,40,0
CMYK：59,35,41,0

CMYK：5,38,71,0 CMYK：60,68,66,15

色彩鲜艳的食品包装与黑色手绘图案的空间形成2D与3D的组合，可以激发消费者兴趣，增强店铺的吸引力。

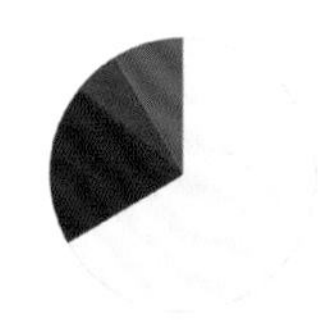

CMYK：4,3,3,0
CMYK：81,76,72,50
CMYK：13,99,80,0
CMYK：73,72,21,0

推荐配色方案

CMYK：15,10,11,0 CMYK：65,55,53,2
CMYK：5,85,97,0

CMYK：77,79,76,56 CMYK：28,11,1,0

8.14 独特视角

运用独特的视角是从旁观者或另一角度对空间布局、展架、背景、商品、图案文字、创意设计等进行观察，视角的转换可使商业空间更具创意与设计感，带动消费者的情绪。

镂空的陈设制造出复杂多变、富有节奏感的商业空间造型；置身其中与身处外侧，可以获得截然不同的视觉体验。

推荐配色方案

CMYK：34,100,100,1
CMYK：3,0,0,0

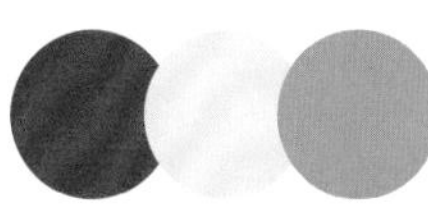

CMYK：2,96,92,0　CMYK：8,6,9,0
CMYK：1,52,42,0

CMYK：34,100,82,1　CMYK：1,0,1,0

生机盎然的桃花与缤纷的花瓣使该空间更具生命感，再结合嫩绿色的沙发，打造出一处悠然自得、宜人、惬意的休息区。

推荐配色方案

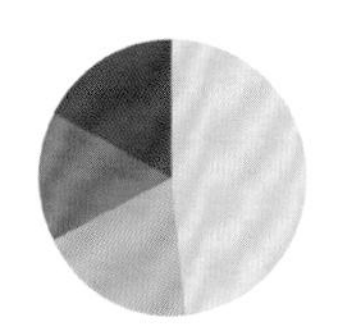

CMYK：5,22,25,0
CMYK：37,19,79,0
CMYK：8,76,44,0
CMYK：56,74,80,23

CMYK：35,5,78,0　CMYK：58,69,79,20
CMYK：39,100,100,5

CMYK：14,31,50,0　CMYK：14,81,35,0

8.15 文字装饰

文字装饰应服务于品牌、企业以及商品。如果文字与商品或空间之间形成互动，可将消费者的目光引向商品或广告内容，让观者能够一眼识别商业意图，最终获得经济利益。

该墙面呈现的指示文字采用手绘方式，在装点空间的同时以不同色彩传递出不同的商品信息，给人留下风趣、醒目的视觉印象。

CMYK：3,2,1,0
CMYK：81,76,72,49
CMYK：25,87,93,0
CMYK：82,60,40,1

推荐配色方案

CMYK：16,10,9,0　CMYK：3,88,99,0
CMYK：89,84,84,74

CMYK：88,62,3,0　CMYK：52,44,45,0

该橱窗外观呈时钟造型，具有较强的设计感与吸引力；同时指针与文字的运用为画面营造出某种紧张感，可以激发消费者的消费心理。

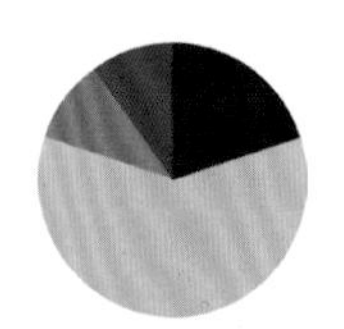

CMYK：60,96,100,56
CMYK：2,40,50,0
CMYK：0,79,76,0
CMYK：81,74,56,21

推荐配色方案

CMYK：1,23,39,0　CMYK：13,96,38,0
CMYK：13,10,10,0

CMYK：49,92,100,22　CMYK：43,34,11,0